쉽게 읽는
전쟁이야기

쉽게 읽는
전쟁이야기

이준희 지음

KSi 한국학술정보(주)

쉽게 읽는 전쟁이야기

인류의 역사는 전쟁의 역사라고 해도 과언이 아닐 정도로 전쟁의 승패에 따른 희비쌍곡선과 함께 그 운명을 같이해 왔다.

즉 인류 역사는 전쟁과 긴밀한 관계를 유지하면서 단 하루도 전쟁이 치러지지 않은 날이 없을 정도로 세계는 전쟁에 의해 불타오르면서 발전을 거듭해 왔다.

지구의 종말이 오지 않는 한 역사의 도도한 흐름 속에 전쟁은 반복될 것이며, 문명화된 21세기에도 민족 간, 국가 간, 종교세력 간의 갈등과 대립으로 전쟁은 지속될 것이다.

'진정한 평화를 원한다면 전쟁에 대비하라.'는 말이 시사하는 바와 같이 예측 불허의 미래 전쟁에 대비하기 위해서는 과거 주요 전쟁의 전쟁 발생 배경과 전쟁 승패요인 등에 대한 철저한 사전 분석이 선행되어야 할 것이다. 그러나 실제로 문헌에 의해 천하를 주름잡았던 전쟁 영웅들의 숨겨진 무용담을 밝혀내고 전쟁별 승패요인을 분석해 보는 것은 결코 쉽지 않은 작업임에 틀림없다.

전쟁 관련 책들이 출판되어 독자들에게 읽히고 있으나 전쟁 상황을 그림을 그려 가듯이 면밀하게 분석하지 않으면 내용 파악에 많은 어려움을 느끼게 된다. 즉 복잡하게 얽혀 있는 전쟁이야기를 전쟁 관련 기초지식이 부족한 일반 독자들이 읽고 또 읽어도 무엇을 말하려는지 대의 파악이 어렵고 기술된 전쟁 상황이 가슴에 와닿지 않는 것이 사실이다

즉 전쟁이야기는 다른 유의 책들과는 달리 진부하고 딱딱한 내용으로 서술되어 있어서 소설을 읽듯 가볍게 읽기가 결코 쉽지 않다.

그래서 이 책은 전쟁 관련 서적의 일반적인 전쟁 상황 전개 상식을 지양하고 독자들이 보다 쉽게 읽을 수 있도록 역자(譯者)가 전쟁사 내용을 반복적으로 읽고 소화한 것을 재구성하는 방식을 택하였다. 즉 복잡한 전쟁 상황을 시대순으로 단순 나열하는 데 급급하기보다는 전쟁 발생 배경과 전개, 전쟁의 교훈과 시사점을 독자적인 관점에서 나열하려 하였다.

다시 말해 전쟁에 대한 총평가를 먼저 나열하여 전쟁의 기본적인 성격을 먼저 이해할 수 있도록 하고 다음으로 전쟁의 배경과 전개과정, 전쟁 승패를 결정짓는 요인을 분석해 보았으며, 세계 전쟁사(戰爭史)적으로나 전쟁 승패에 중요한 가치라고 판단되는 정신전력이 전쟁 승패에 미치는 요인에 대해서는 재차 반복해 줌으로써 독자들의 이해를 돕고 자연스럽게 친숙해질 수 있도록 노력하였다.

그리고 객관적인 시각에서 전쟁이야기를 재조명해 보기 위해 각 전쟁에 대하여 역사적 관점에다 연구자가 바라보는 평가를 첨가, 결론을 맺는 순으로 서술하였다.

동일한 전쟁일지라도 바라보는 시각에 따라 매우 다르게 묘사될 수 있으며, 전쟁별 전쟁 승패요인에 대한 논의에 있어서 어떤 전쟁은 책략가에 의한 전략과 전술, 지휘관의 탁월한 리더십에 의한 용병술이 돋보이는 반면 심리전, 정보력, 기상 등의 다양한 요인이 승패에 영향을 미치고 있음을 알 수 있다.

예를 들면 포클랜드전쟁, 걸프전쟁, 이라크전쟁은 첨단과학무기의 전시장이라고 할 만큼 첨단과학무기들이 위용과 맹위를 떨쳤다. 하지만 과학문명의 발달과 무관하게 그 중요성이 더욱 빛을 발하는 것은 무형전력의 가치이며, 역대 전쟁에 있어서 정신전력이 전쟁 승패와 직결되어 왔다고 해도 과언이 아닐 것이다. 왜냐하면 아무리 무기가 첨단과학에 의해 발달되어 있어도 그 무기를 운용하는 것은 인간이며, 그 인간의 자세와 태도에 따라 전쟁 승패가 달라지기 때문이다.

옛말에 '정신일도 하사불성'이라는 말이 있다. 이 말은 마음을 둔 곳에 혼신의 힘을 기울이면 못 이룰 것이 없다는 얘기로 전쟁과 관련지어 '정신을 집중하여 전투에 임하면 반드시 승리하게 된다.'라고 해석해도 무리가 없을 것이다.

이처럼 전사를 분석해 보면 유형전력보다는 무형전력이 우세한 나라가 승리한 사례가 훨씬 많은 것 같다. 대표적인 사례가 6일 전쟁과 월남전의 경우라 하겠으며 장병들이 부패하거나 전쟁 수행 의지가 없고 국민들로부터 신뢰받지 못하는 군대가 승리한 사례를 찾아보기 힘들 정도이다. 전쟁이야기를 쉽게 접근해 보려는 본인의 시도가 장병들의 정신전력 강화는 물론 순국선열의 드높은 위용을 받들려는 청소년들에게 조금이라도 도움이 되었으면 하는 바람이다.

2009. 4.
수색에서 이준희

|차례|

Ⅰ 고대의 전쟁   13

† 지형적 특성의 활용과 지략의 중요성을 가르쳐 준
    살라미스 해전 ………………………………………………… 15
† 승패의 결과와는 무관하게 아테네군의 정신력과
    심리전이 돋보인 펠로폰네소스전쟁 …………………………… 23
† 관용과 분배를 통해 군사력을 결집한 알렉산더 대왕 ……… 31
† 화공계략으로 조조 대군을 물리친 적벽대전 …………………… 40
† 기동력에 의한 기습작전이 주효했던 칭기즈칸의
    세계 대정벌 ……………………………………………………… 51
† 자유라는 수의를 입고 죽음을 택한 마사다 항쟁 …………… 61
† 끈질긴 저항으로 민족자존을 지킨 삼별초 항쟁 ……………… 69

Ⅱ 중세의 전쟁   77

† 영국의 프랑스 내정 간섭에서 비롯된 100년 전쟁과
    잔 다르크의 눈부신 활약 ……………………………………… 79
† 종교적 신념하에 생과 사를 초월할 수 있었던
    십자군 전쟁 ……………………………………………………… 86
† 왜적에 대해 위대한 저항정신을 표로한 임진왜란 …………… 95
† 유럽을 중세에서 근대로 접어들게 한 30년 종교전쟁 ……… 105

Ⅲ 　**근대의 전쟁**　　　　　　　　　　　　　　　　113

　　† 기습에 의한 전투력의 집중력이 유난히 빛났던
　　　 나폴레옹 전쟁 ·· 115
　　† 지휘관의 건강과 자만하지 않음의 중요성을
　　　 일깨워 준 워털루 전쟁 ································· 124
　　† 영국 식민지배를 벗어나기 위한 거센 몸부림 끝에
　　　 자유를 찾은 미국독립전쟁 ························· 132
　　† 자유와 민주주의의 소중함을 일깨워 준 남북전쟁 ·········· 138
　　† "제국주의 시대"의 개막을 알린 제1차세계대전 ············ 146

Ⅳ 　**현대의 전쟁**　　　　　　　　　　　　　　　　159

　　† 제국주의 몰락과 미·소 냉전시대를 동시에 연
　　　 제2차세계대전 ·· 161
　　† 기상변화가 사기와 직결된다는 것을 보여준
　　　 스탈린그라드 전투 ······································ 172
　　† "치밀한 생쥐 몽고메리가 꾀 많은 여우 롬멜을
　　　 삽나." 일 알라메인 전투 ····························· 180
　　† 초반의 승리에 자만한 일본에 패배를
　　　 안겨준 태평양전쟁 ······································ 188
　　† 6·25전쟁의 위기에서 나라를 구한 낙동강 마지노선 ······ 198

✝ 국민적 저항의지(정신전력)가 전쟁에 미치는 영향력을
　보여준 인도차이나 전쟁 ………………………………………… 207
✝ 외인부대에 의존해서는 결코 승리할 수 없음을
　일깨워 준 디엔비엔푸 전투 …………………………………… 214
✝ 군 지도부의 타락과 정신적 부패가 전쟁패배로
　직결된 베트남 전쟁 …………………………………………… 224
✝ 공격 없이 방어만 해서는 결코 승리할 수 없음을
　일깨워 준 포클랜드 전쟁 ……………………………………… 232

V 끝나지 않은 전쟁　　　　　　　　　　241

✝ 긴 역사적 배경에 의한 종교적 이해관계가
　얽힌 중동 전쟁 ………………………………………………… 243
✝ 신(神)도 감쪽같이 속은 6일전쟁 …………………………… 253
✝ 이슬람의 대동단결에 의한 기습공격과 이스라엘의
　저력을 동시에 보여준 – 욤 키프르 전쟁 ………………… 261
✝ 민족주의와 이념적 대립이 복합적으로
　얽힌 크로아티아 전쟁 ………………………………………… 270
✝ 중동을 휩쓴 사막의 폭풍 걸프전쟁 ………………………… 277
✝ 무차별 살육을 가하는 이슬람 알카에다의
　자살폭탄테러 …………………………………………………… 286

참고문헌 • 299

고대의 전쟁

† 지형적 특성의 활용과 지략의 중요성을 가르쳐 준 살라미스 해전

▌ 전쟁에 대한 총평가

살 라미스 해전은 기원전 480년 아테네 중심의 *그리스 함 대가 페르시아 함대를 아테네 부근 살라미스 만에서 격 파한 해전*이다. 한편, 아테네는 지혜와 전쟁의 여신 아테네를 수호신으로 섬겼으며, 그리스 도시국가 중 가장 강할 뿐 아니라 학문과 예술의 중심이 되는 도시였다. 기원전 500년경에 페르시아가 지배하고 있던 그리스 식민도시가 반란을 일으켰을 때 아테네는 반란군을 지원하여 페르시아를 격퇴시켰다. 기원전 490년경에 페르시아는 아테네 정복을 위해 출정을 떠났지만, 아테네의 테미스토클레스는 그러한 페르시아의 습격에 대비하여, 스파르타와 힘을 합쳐 그리스 동맹을 결성, 살라미스 해전에서 페르시아군을 물리쳤다. 아테네 시민들은 테미스토클레스라는 유능한 지휘관을 잘 선출하였다. 당시에는 육군을 중요시했으나 해전을 예측하고 미리 함대를 제작하는 등의 준비성을 갖춘 테미스토클레스였다. 특히 그는 지형적 특성을 해전에서 잘 발휘하였는데, 페르시아보다 전력이 약하기 때문에 넓은 바다에서는 절대적으로 불리하다고 판단하고 좁은 해협 살라미스로 유인하여 적을 물리치고 대승을 거두었다.

1 배경과 전개과정

B. C. 492년부터 479년까지 4차에 걸쳐 페르시아 전쟁이 간헐적으로 지속되었다. 페르시아의 2차 침공을 마라톤 전투에서 격퇴한 아테네는 숨을 돌릴 수 있었다. 페르시아의 다리우스는 다시 대규모 원정을 준비하였으나 전비 조달을 위해 이집트에 중과세를 하는 바람에 기원전 486년 반란이 일어났다. 이를 진압하던 도중에 다리우스가 사망하고 그의 아들인 크세르크세스(Xerxes)가 왕위를 이었다. 크세르크세스는 이집트의 반란을 진압하고 그리스 원정 준비를 시작하여 기원전 480년 제3차 침공을 감행하였다. 헤로도토스의 추산에 따르면 당시 페르시아군은 병력 264만 명이었지만, 실제는 약 35만 명과 함선 1,207척으로 구성되었다.

당시 아테네에서는 밀티아데스(Miltiades)가 실각하고, 테미스토클레스(Themistocles, B. C. 527?~460?)와 아리스티데스(Aristides)

가 집정관으로 통치하고 있었다. 아리스티데스는 지상전 위주의 항전을 주장하였으나, 기원전 482년에 추방되어 해전 위주의 항전을 주장하던 테미스토클레스가 실권을 장악하고 있었다. 그는 480년 봄에 200여 척의 함선을 건조하였고, 약 4만 명의 수병을 양성하였다.

– 제3차 페르시아전쟁의 전개

기원전 480년 봄 페르시아군이 헬레스폰트 해협을 건너 그리스로 침공해 들어왔다. 스파르타와 레오니다스(Leonidas)가 지휘하는 7,000～8,000명의 중갑보병과 경장비병으로 구성된 육군은 테르모필레에서 방어진지를 구축하였고, 아테네의 해군은 스파르타의 유리비아데스(Euribiades)를 함대 사령관으로 총 330여 척의 함대를 구성하여 바다에서 페르시아 함대를 맞았다.

크세르크세스는 폭풍으로 페르시아 함대의 도착이 늦어진 데다 대병력을 이끌고 왔기 때문에 그리스군이 항복할 것으로 기대하여 4일 동안 군사작전을 벌이지 않고 대기하였다. 그러다가 5일째 되는 날 공격을 감행하여 레오니다스를 비롯한 스파르타군을 전멸시켰다. 테르모필레 전투에서 페르시아군도 2만 명이 사망하였다.

한편 페르시아 함대는 마그네시아 반도의 동해안을 돌아 남하하는 도중에 폭풍우를 만나 함선 400척을 상실한 뒤 이틀 뒤에 아프에테에 도착하였다. 그리스 측의 함대사령관인 유리비아데스는 페르시아 함대를 기습 공격하였지만, 별 성과를 거두지 못했다. 3일째인 8월 30일 페르시아 함대와 그리스 함대 간에 아르테미지움(Artemisium) 해전이 벌어졌지만, 서로 우열을 가리지 못했다. 그러나 전투 도중 테르모필레 패전 소식이 그리스 함대에 전해지자, 그리스 함대는 유보해야 해협 중 가장 폭이 좁은 에우포리스가 페르시아의 수중으로 넘어가 퇴로가 차단될 것을 우려하여 살라미스로 퇴각하였다.

◼ 전쟁의 승패요인 분석

살 라미스 해전의 승패요인을 분석하면 다음과 같다.
첫째, 살라미스 해협은 협소하기 때문에 대규모 함대의 기동성을 제한한다. 이 점에서 *그리스 측이 지리적인 이점을 잘 활용했다*고 할 수 있다. 다시 말해 그리스는 페르시아 해군을 살라미스로 유인, 함대의 대규모 기동성 장애를 이용하여 격멸시켰다.

둘째, 첩보전을 효과적으로 이용했다. 테미스토클레스는 페르시아에 첩자로 시킨노스라는 자를 파견했는데, 이 자는 테미스토클레스의 아들을 가르쳤었다. 이 첩자의 밀서를 보고 페르시아의 크세르크세스는 공격명령을 내림으로써 공격 한번 제대로 하지 못하고 그리스군에 패배하게 된 것이다.

셋째, *테미스토클레스가 해전을 예측하여 함대를 제조한 그의 준비성을 높이 평가해야 할 것*이다. 반페르시아노선을 표방하여 민중의 지지를 얻어 집정관이 된 테미스토클레스는 기원전 482년 육군주의를 표방하던 아리스티데스를 추방한 뒤 시의적절하게 함대를 편제하였다.

넷째, 기동성이 떨어지는 *좁은 해역에서 효과적인 전술을 적절히 활용*하였다. 그리스의 함대 숫자도 적고 기동성이 떨어져 넓은 바다에서 싸울 경우 절대 불리하다는 것을 알고 기만전술에 의해 좁은 해협으로 유인하여 승리를 거두었다.

끝으로, 테미스토클레스라는 *유능한 지휘관을 선출하고 따를 줄 아는 아테네 시민의 현명함*을 들 수 있다. 마라톤 전투 이후 종전 분위기가 팽배하던 당시에 테미스토클레스는 대규모 전투가 시작될 것으로 예견하고 함대를 편제하였다. 아테네 시민들도 정치 지도자들 간에 이견이 발생했고, 당시의 육군 중심이던 분위기와는 달리 해군을 중시하던 테미스토클레스를 지도자로 선출할 수 있는 현명한 정치 감각을 갖고 있었다.

▌ 사적/연구자 평가

아 티카를 빼앗긴 그리스군은 살라미스 해협에 모든 군선을 모으고 작전회의에 들어갔다. 그리스 함대의 전함 총

수는 380척이었다. 그리스 함대의 총사령관은 아테네인이 아니고 스파르타의 장군 에우리비아데스였다. 그리스의 다른 도시 국가들이 아테네인의 지휘를 받기를 원하지 않았기 때문이었다. 작전 회의의 주제는 적을 어디에서 맞아 싸우는 것이 가장 좋은가에 대한 것이었다. 동맹군에 참가한 대부분의 도시국가가 펠로폰네소스에 위치하고 있는 까닭에 지휘관들은 살라미스 해협을 빠져나가 자신들의 조국을 지키기에 더 적합한 코린토스 지협의 앞바다에서 싸울 것을 주장했다. 이들은 해전에 패할 경우에 살라미스에서는 아군이 없는 섬에 갇히게 되지만 코린토스 지협에서는 해안으로 헤엄쳐 나가 육지에 주둔하고 있는 아군의 지원을 받을 수 있다는 점을 강조했다.

하지만 아테네의 제독 테미스토클레스의 의견은 달랐다. 코린토스 지협 앞의 넓은 바다에서 해전을 벌일 경우, 수도 적고 기동성도 뒤떨어지는 그리스의 배들이 페르시아 함대를 당할 수 없을 것이기 때문에 살라미스에서 결전을 치러야 한다는 것이 그의 주장이었다. 그러나 테미스토클레스는 대부분의 지휘관이 코린토스 지협에서의 일전을 선호하고 있었기 때문에 자신의 주장이 받아들여질 가망성은 거의 없음을 알고 있었다. 그래서 그는 자신의 노예를 몰래 크세르크세스에게 보내 그리스군이 살라미스 해협을 빠져나가 코린토스로 향할 것이니 지금 빨리 공격하여 승리를 취하라고 부추겼다. 크세르크세스는 이 말이 그럴듯하다고 생각하고 곧 공격명령을 내렸다.

그리스군은 페르시아군의 공격이 시작된 것도 모르는 채, 회의를 계속하고 있었다. 그러나 때마침 아이기나 섬에서부터 몰래 살라미스 해협으로 들어온 그리스군의 배들이 페르시아군이 공격을 시작했음을 그리스 장군들에게 알렸다. 전투를 피할 수 없음을 안 그리스군은 즉각 페르시아 함대를 맞아 공격을 시작했다. 기습 작전으로 상대방을 제압할 수 있으리라 믿었던 페르시아군은 오히려 선공을 하는 그리스군의 공격에 당황하여 전열이 흐트러졌다. 엎친 데 덮친 격으로 앞에서 주춤하는 페르시아 배들을 뒤에서 오던 다른 페르시아 배들이 들이박는 일이 벌어졌다. 덩치가 커서 좁은 바다에서 움직임이 자유롭지 못한 페르시아 배들은 자기네 배들끼리 얽혀 절망적인 상황으로 빠져들어갔다. 더구나 배의 구조상 단단한 그리스 배들은 페르시아 배들의 옆구리를 사정없이 박아 격침시켰다. 대혼란과 공포가 페르시아군의 진영에 퍼졌다. 아침이 왔을 때 페르시아 함대는 회복이 불가능할 정도로 와해되어 있었다. 페르시아군의 무패 신화가 두 번째로 깨어지는 순간이었다. 이 패전으로 페르시아는 더 이상 그리스 원정을 꿈꿀 수 없게 되었다.

▌결 론

살라미스 해전은 지형의 특성을 잘 이용한 점과 테미스토클레스의 지략이 돋보이는 전쟁이었다. 페르시아 함대의 전술은 대함대의 이점을 살리기 위해 그리스 함대를 유인하여 넓은 해역에서 싸우는 것이었다. 이에 반해 그리스군은 좁은 해협인 살라미스 해전으로 유인하기 위해 첩자를 보내 거짓 정보를 흘리게 하여 페르시아군이 말려들게 하였다. 페르시아 측에 가담한 페니키아 함대는 살라미스 협수로의 입구인 Saronic만에 배치되었다. 이때 그리스 함선 몇 척이 페르시아 함대 정면에서 움직이기 시작하였다. 페르시아 함대가 그리스 함선을 추격하기 시작하였는데, 너무 깊숙이 추격하고 말았다. 그러자 바로 대기하고 있던 아테네 함대가 페르시아 함대의 진로를 가로막았다.

북쪽에서는 페니키아의 이오니아 함대와 그리스의 펠로폰네소스 함대가 충돌하였다. 이렇게 되자 길이 7km, 너비 2km밖에 안 되는 살라미스 협수로에 양측의 함대 700~800척이 뒤엉키게 되었다. 결국 혼란에 빠진 페르시아 함대는 기동이 어렵게 되어 200척이 침몰되고, 4만 명이 사망하였다. 이에 반해 그리스 함대는 46척의 함선을 상실하였다.

결국 *이 전쟁은 지리적 이용, 첩보의 적절한 활용, 테미스토클레스의 준비성, 그리고 아테네시민들의 현명함 등이 유난히 돋보인 전쟁*이었다.

✝ 승패의 결과와는 무관하게 아테네군의 정신력과 심리전이 돋보인 펠로폰네소스전쟁

🔳 전쟁에 대한 총평가

펠로폰네소스 전쟁은 델로스 동맹을 거느리는 아테네와 펠로폰네소스 동맹의 맹주 스파르타 사이에서 그리스의 패권을 놓고 벌어진 전쟁으로써 무려 27년간 계속되었으며, 아테네가 우세한 때도 있었으나 결국 B. C. 404년 스파르타의 승리로 끝났다. 아테네는 해안선이 에게 해로 튀어나와 있는 해양 강국이었으며, 스파르타는 엄격한 군사훈련과 체력단련에 의한 육군이 강하였다. 전쟁은 아테네에 전염병이 발생, 많은 인원이 희생되어 스파르타의 승리로 끝났지만, 아테네의 고도의 심리전이 돋보였으며 이데네 지휘관과 병사들은 인화단결로 굳게 뭉침으로써 초반 승리를 이끌어 낼 수 있었다.

1 전쟁배경과 양국전세 비교

아테네 동맹은 에게 해 주변의 섬나라와 연안국가를 포함하는 사실상 하나의 제국이었다. 한편 스파르타는 펠로폰네소스 반도와 그리스 중부 내륙지방의 독립국가동맹의 주도적 국가였다. 그래서 *해군은 아테네 쪽이 강했고 육군은 스파르타 쪽이 강했다.*

두 나라는 페르시아의 그리스 침공에 맞서서 협력관계를 유지한 적도 있었으나, 두 개의 강한 세력이 한 지역에 있다면 그 시간이 멀든 가깝든 충돌은 피할 수 없는 것이었다.

펠로폰네소스 전쟁 이전에도 양국 사이에는 크고 작은 충돌이 있어 왔으나 본격적으로 양측을 적대관계로 몰아넣은 사건이 일어났다. 그것은 아테네가 전략적 요충지에 위치해 있던 코르키라와 동맹을 맺은 것이었다. 아테네는 스파르타와의 평화협정을 명백히 위반하는 행위를 하였고 이는 곧 스파르타를 비롯한 펠로폰네소스 동맹의 분노를 사게 만들었다.

결국 B. C. 431년, 스파르타가 중심이 된 펠로폰네소스 동맹의 일원인 테베가 아테네의 동맹인 플라타이아이를 공격함으로써 27년간의 전쟁의 막이 올랐다. 스파르타는 막강한 군사력을 바탕으로 공격해 왔고 풍부한 자원과 제해권을 차지하고 있던 아테네는 성문을 굳게 잠그고 방어에 치중하였다. 그러나 전염병이 아테네를 휩쓸면서 델로스 동맹 내부 속국들의 반란이 이어지기 시작하였고 아테네는 급속도로 붕괴되기 시작하였다.

결국 쇠약해진 아테네는 전열을 가다듬고 총공격을 취한 스파르타에게 항복하였고 그리스 전역을 전쟁으로 물들인 펠로폰네소스 전쟁은 끝나게 되었다. 하지만 오랜 전쟁으로 지친 스파르타 역시 과거와 같은 강성함은 찾아볼 수 없었고 결국 얼마 지나지 않아 동맹국 테베에 의해 멸망하게 되었다.

■ 전쟁의 승패요인 분석

펠로폰네소스 전쟁에 대한 승패요인은 크게 유형전력과 무형전력으로 나누어 살필 수 있다. 먼저 유형전력은, **아테네는 해양 강국으로 해군이 강했으며 스파르타는 육군이 강했다.** 이를 좀 더 자세하게 설명하면 다음과 같다.

아테네는 자체에서 물을 얻을 수 있는 훌륭한 요새(아크로폴리스)도 갖고 있었기 때문에 일찍부터 중앙 집권 정체(政體)를 세울 수 있었다.

또한 **천연의 방어선을 이루는 네 개의 산맥으로 둘러싸여 있었고, 해안선은 에게 해로 뛰어나와 있었기에 아테네는 해양 강국이 될 수 있었다.** 하지만 펠로폰네소스 전쟁 당시 지도자인 페리클레스는 해군과 육군의 군사력의 균형을 소홀히 했기 때문에 막강한 해군과는 달리 육군은 병력이 빈약했고 그 결과 전쟁에서 스파르타에 패배하고 말았다.

한편, 스파르타는 B. C. 9세기에 엄격한 과두정치의 성립과 함께 세워졌으며, 자유시민 전원으로 이루어진 민회(民會)는 28명으로 이루어진 원로회(元老會)와 5명의 민선장관(民選長官)을 선출하였다. 자유 시민들은 토지를 헬로트에게 경작시켜서 수확의 절반을 징수하고, 자신은 생산적 노동에 종사하지 않았다. 모든 남성 인구는 집중적으로 훈련받은 전문 상비군으로, 집단생활을 하면서 엄격한 스파르타식 군사훈련과 육체단련에 열중하였으며, 모든 국민들은 '정복 아니면 죽음'이라는 율령에 몸을 바쳤다. 여성의 체육도 장려하였는데 그것은 튼튼한 아이를 낳기 위한 우생학적 고려에서 나온 것이었으나, 남자들의 외정(外征) 중 혹시 있을지도 모를 헬로트의 반란을 여자만으로도 억제할 수 있는 힘이 필요했기 때문이며 이는 결국 스파르타 여성의 지위가 높아지는 계기도 되었다.

B. C. 5세기부터 *스파르타의 지배계급은 전쟁과 외교에 전념했고 예술과 철학은 고의적으로 경시했으며, 그리스에서 가장 강력한 상설 군대를 만들었다.* 이러한 군대 위주의 정치방식은 스파르타에 특유의 정치적 안정과 힘을 부여했다. 그래서 스파르타는 인구가 적음에도 불구하고 헬로트들과 펠로폰네소스 동맹을 장악할 수 있었다.

다음은 무형전력에 대해 살펴보고자 한다. 펠로폰네소스 전쟁에서의 결말은 스파르타의 승리였지만 우리는 이 전쟁의 승패보다는 전쟁 초기 아테네가 스파르타군에게 우위를 점할 수 있었던 무형의 전력에 관심을 가져야 한다.

아테네는 *고도의 심리전을 활용함*으로써 전쟁 초기 우세를 유지하였다. 개전 1일 전 전쟁이 더운 여름이 지나도 계속될 것 같다는 정보를 흘리면서 원정 온 스파르타군의 사기를 꺾었다. 강력한 군사력을 갖고 있던 스파르타군이었지만 이미 더위에 지칠 대로 지친 상태에서 접한 정보에 병사들의 사기가 크게 저하되어 제대로 군사력을 발휘할 수 없었다.

아테네군은 지난 페르시아와의 전쟁에서도 강인한 정신력으로 승리를 차지한 것처럼 72시간 동안 추가적인 지원 없이 전투를 지속할 수 있도록 교육을 받았다.

여기에 더해 *아테네군 지휘관과 병사들 간의 화목한 분위기*가 전쟁 초기 우세를 가능하게 하였는데, 아테네군은 같은 귀족 신분들로 이루어진 상대적으로 평등한 계층이었다. 반면, 스파르타의 지휘관과 병사들은 정치·사회·교육적 배경에 차이가 있어 융화에 어려움을 겪었고, 결국 부대의 효율적이고 섬세한 운용에 제한을 빚게 되었다.

하지만 전염병과 오랜 농성으로 아테네의 시민들은 지쳐 가기 시작했으며 델로스 동맹국들 역시 불만을 표출하기 시작하였다.

결국 이러한 상황에서 전력을 다해 공격한 스파르타의 강군에게 패배하고 만 것이다.

▮ 역사적 평가

펠로폰네소스 전쟁은 고대 그리스 도시국가의 양대 세력인 아테네와 스파르타가 서로 패권을 다툰 전쟁이다. 아테네와 스파르타는 제각기 동맹을 이끌었는데, 이 두 동맹에는 그리스의 도시국가들이 거의 포함되어 있었기에 *펠로폰네소스 전쟁은 사실상 그리스 세계 전체를 휩쓸었다고 해도 과언이 아닐 것*이다. 동시대의 역사가 투키디데스도 이 전쟁을 그때까지 벌어진 전쟁 가운데 가장 중요한 전쟁으로 보았다.

▮ 연구자 평가 및 결론

아테네가 속한 지역이었던 아티카는 광대한 면적과 유리한 지형을 가지고 있었기에 아테네는 그리스의 여러 도시국가들 중에서 독보적으로 발전할 수 있었다. 이런 자연적 이점들 덕분에 아테네는 일찍부터 눈부신 발전을 이루었고, 바다로 진출한 해양 강국이 되었으며 델로스 동맹의 맹주가 될 수 있었다.

한편 스파르타는 척박한 지형으로 인하여 국민들의 군사훈련과 육체단련을 통한 강한 국가를 건설하는 데 주력하였다. 따라서 스파르타의 지배계급은 B. C. 5세기부터 전쟁과 외교에 전념하였고, 주변의 폴리스들을 규합하여 펠로폰네소스 동맹을 건설, 맹주국가로서 이름을 떨쳤다.

비록 이 전쟁은 스파르타의 승리로 끝났지만 펠로폰네소스 전쟁에서 우리가 관심을 가져야 할 부분은 *스파르타의 유형의 전력보다는 아테네가 전쟁을 통하여 보여준 심리전, 군 사기 등의 무형의 전력*이다.

전쟁 초기에 아테네는 고도의 심리전을 구사함으로써 스파르타군을 괴롭힐 수 있었다. 펠로폰네소스전쟁 개시 1일 전 적군인 스파르타를 맞아 이번 싸움이 그해 여름까지 이어지는 장기전이 될 것이라는 거짓 정보를 흘렸다. 당시 엄청난 더위와 싸워야 했던 스파르타군은 지속적이고 지루한 전쟁이라는 말에 군의 사기가 꺾였다. 반면 아테네는 전쟁에서 장병들의 정신상태를 확고히 하여 초반 스파르타군을 끝까지 섬멸시킬 수 있었다.

또한 '정신적 의지력에 의한 공격'에 의해 아테네군은 교육되고 준비되었다. 강한 정신력을 바탕으로 보급이나 추가적 지원 없이 72시간 동안 지속적으로 전투할 수 있도록 전투의지를 고양시켰다. 스파르타는 아테네보다 병사의 훈련과 유용자세에 있어 훨씬 앞서 있었으나, 상대적으로 지휘관과 병사들 간에 정치·사회·교육적 배경이 달라 융화를 이루지 못했다. 이러한 차이를 극복하지 못한 스파르타는 아테네를 맞아 전쟁 초기부터 힘들게 싸우게 되었다.

정신력에 있어서는 스파르타 역시 아테네 못지않았다. '정복 아니면 죽음'이라는 각오로 훈련을 받고 전장에서 최고의 위력을 발휘하여 아테네를 꺾고 전쟁에서 승리할 수 있었다.

강한 정신력을 바탕으로 아테네는 군사국가 스파르타를 맞아 굳건히 버틸 수 있었으며, 전쟁 초기 우위를 점할 수 있었지만 종국에는 아테네에 전염병이라는 복병이 발생하여 델로스 동맹의 균열이 생기고 세력이 약화되어 스파르타에 패하고 말았다. 이를 통해 우리는 *아무리 정신력이 우세하더라도 건강관리에 소홀하면 돌이킬 수 없는 치명상을 입을 수밖에 없다*는 것을 깨달을 수 있다.

승리의 여신은 전쟁양상의 변화를 능동적으로 예측하고 이에 대비하려는 사람들에게만 미소 지을 뿐, 이미 변화가 발생한 후에야 이를 수용하려고 머뭇거리며 기다리는 사람들의 손을 들어주지 않는다.

— 두헤 —

† 관용과 분배를 통해 군사력을 결집한 알렉산더 대왕

▌ 전쟁에 대한 총평가

알 렉산더 대왕은 *페르시아 제국을 무너뜨리고 마케도니아 군사력을 인도까지 진출시켰으며 지역 왕국들로 이루어진 헬레니즘 세계의 토대를 쌓았다.* 알렉산더 대왕이 살아 있을 때부터 그의 이야기는 전설적인 주제로 다루어졌으며 사후에는 개략적인 윤곽만 역사적인 사실과 일치할 정도로 거대한 전설의 주인공이 되었다. 특히 알렉산더 대왕은 포용과 재산 분배를 통하여 결속력을 다지는 계기를 마련하였으며, 이러한 결속력을 바탕으로 많은 외국 정벌 시에도 페르딕카스, 네오톨레무스 등과 같은 장군들의 충성심에 의해 오히려 내정이 안정되었다. 또한 기병의 역할을 개발, 보병과 연합전술을 전개하여 많은 원정에서 승리하였다.

1 전쟁배경과 양국전세 비교

알렉산더 대왕은 자신의 부왕이 암살되자 그리스 도시의 대표자 회의에 의해 아버지와 같이 헬라스 연맹의 맹주로 뽑혔으며 군대의 추대를 받아 20세의 젊은 나이로 왕이 되었다.

B. C. 334년에 알렉산더 대왕은 마케도니아군(軍)과 헬라스 연맹군을 거느리고, 페르시아 원정을 위해 소(小)아시아로 건너갔다. 먼저 그라니코스 강변에서 페르시아군과 싸워 승리하고, 페르시아의 지배하에 있던 그리스의 여러 도시를 해방하였으며, 사르디스 그 밖의 땅을 점령한 뒤 북(北)시리아를 공략하였다. B. C. 333년 킬리키아의 이수스전투에서 다리우스 3세의 군대를 대파하였으며, 이어 페르시아 함대의 근거지인 티루스(티로스)·가자 등을 점령하였다. 그리고 시리아·페니키아를 정복한 다음 이집트를 공략하였다. 이집트에서는 나일 강 하구에 자신의 이름을 딴 알렉산드리아 시(市)를 건설하고 1,000km가 넘는 사막을 건너 아몬 신전에 참배하였다.

B. C. 330년 다시 군대를 돌려 메소포타미아로 가서, 가우가멜라에서 세 번이나 페르시아군(軍)과 싸워 대승하였다. 이때 페르시아의 다리우스 3세는 도주하였으나 신하인 베소스에게 죽임을 당하였다. 알렉산드로스는 계속하여 바빌론·수사·페르세폴리스·엑바타나 등의 여러 도시를 장악하는 데 성공하였다. 그는 여기서 마케도니아군(軍)과 그리스군(軍) 중의 지원자만을 거느리

고 다시 동쪽으로 원정하여 이란 고원을 정복한 뒤 인도의 인더스 강(江)에 이르렀다. 그러나 군사들 사이에 열병이 퍼지고 장마가 계속되었으므로, 군대를 돌려 B. C. 324년에 페르세폴리스에 되돌아왔다.

B. C. 323년 그는 바빌론에 돌아와 아라비아 원정을 준비하던 중, 33세의 젊은 나이로 갑자기 죽었다. 그는 자기가 정복한 땅을 알렉산드리아라고 이름 지었다. 알렉산드리아 70개의 도시들은 그리스 문화 동점(東漸)의 거점이 되었고, 헬레니즘 문화의 형성에 큰 구실을 하였다. 그의 문화사적 업적은 유럽·아시아·아프리카에 걸친 대제국을 건설하여 그리스 문화와 오리엔트 문화를 융합시킨 새로운 헬레니즘 문화를 이룩한 데 있다. 그가 죽은 뒤 대제국 영토는 마케도니아·시리아·이집트의 세 나라로 갈라졌다.

전쟁의 승패요인 분석

알 렉산더 대왕이 대제국을 건설하는 데 성공한 이유는 여러 가지가 있다.

그중 *첫 번째로 알렉산더 그리스 연합군의 조직력*을 들 수가 있다. 알렉산더가 그리스 반도를 통일한 후에도 일부세력에 의한 반란이 있었던 것은 사실이다. 그러나 알렉산더는 상처를 입은 테베의 반란군 대장의 목숨을 구해준 이후, 아테네를 비롯하여 모든 도시 국가들이 알렉산더에게 항복을 하게 된다. 이것으로 코린트 동맹국이 형성되고 결집력을 보여주게 된다. 원정 직전에 배후의 안정을 위해 모든 오랑캐를 소탕하였으며 군사들에게 자신이 가진 모든 재산을 나누어 주었다. 반면 페르시아 제국은 비록 60만이나 되는 대군이었지만, 각기 다른 지역의 민족이 한곳에 모여 결성되었기에 결속력이 약하고 징집병으로 구성되어 그리스 동맹군과 같은 의욕도 생기지 않았다.

둘째로 **본국의 안정**을 들 수가 있다. 장거리 원정은 여러 가지 문제를 수반한다. 병참 보급, 병력 충원, 장기간의 전쟁으로 인한 군사들의 사기 저하가 그것이다. 그리고 가장 중요한 것은 본국에 대한 안전 문제이다. 역사적으로 침략을 위해 출정하였다가 본국에 문제가 생겨서 중도하차했던 왕이나 장수들이 꽤 있었다. 수나라의 양제가 고구려 정벌 중 반란으로 회군한 일, 한니발이 로마 원정을 떠났다가 본국에 대한 로마의 침략으로 본국으로 복귀한 일이 대표적인 일이다. 알렉산더 대왕이 이끄는 마케도니아 역시 이러한 문제가 생겼었다면 원정에 실패할 수도 있었지만 마케도니아는 그러한 사태를 겪지 않았다. 좀 더 부연설명을 하면 알렉산더의 아버지 필립은 그리스를 비롯한 주변국을 정벌하였지만 미처 점령 지역에 대한 완전한 통치체제를 갖추지 못하고 사망하였다. 하지만 알렉산더는 그리스를 다시 굴복시키며 자신들에게 맹종하게 하는 뛰어난 능력을 보여주었고 그의 장군들은 알렉산더가 원정을 떠난 이후에도 주변국들과 전투를 벌이며 나라의 안정에 기여했다.

셋째로 *알렉산더 대왕의 대원정을 가능하게 한 데에는 충성스러운 장군들의 역할*이 컸었다. 페르딕카스와 네오톨레무스, 헤파에스티온과 에우메네스 등의 장군들은 서로 대립구도를 형성하기도 했지만 그 대립은 왕의 신임을 얻기 위한 것이었다. 원정이라는 상황 하에서 왕의 입장에서는 장군들의 충성심이 상당히 중요하다. 원정 도중 장군들이 반란을 일으킬 수도 있고 왕의 명령에 불복할 수도 있다. 이는 원정에 어려움을 주며 철군을 하거나 왕이 교체되는 일이 생길 수도 있다. 그러나 알렉산더 대왕이 이끄는 마케도니아는 오히려 장군들의 왕에 대한 충성심이 마케도니아 제국 번성의 디딤돌 중 하나가 되었다.

▌ 역사적 평가

알렉산더 시대의 전투는 정규군의 전투로 전쟁이 종결되는 경우가 대부분이었다. 이는 그 시대의 군대가 상비군이 아니라 전쟁 시 징집되는 형태였기 때문이다. 국운이 걸려 있는 전쟁이라면 전투 가용인원의 대부분이 징집되어 갔다. 이들이 격파되면 남아서 저항할 수 있는 사람은 부녀자와 노약자 외에는 거의 없었다.

알렉산더 대왕의 페르시아 정벌은 너무 쉽게 끝을 맺었다. 하지만 페르시아는 거대한 제국이었다. 전쟁에 투입된 병력이 급조된 오합지졸이었으나 병력 수에 있어서는 마케도니아가 대적하기에는 어려울 정도로 많은 병력을 보유하고 있었다. 자국 내에서의 타국 군사와의 전투라는 상황 하에서 페르시아의 다리우스는 너무 간단히 결전을 벌이다가 패배하고 말았다. 페르시아의 다리우스가 인내심을 가졌다면 그리 허망하게 무너지지는 않았을 것이다.

◢ 연구자 평가

렉산더 대왕의 승리의 요인을 군사학적인 측면, 문화·경제적인 측면으로 나누어 살펴보자면,

먼저 *군사학적인 측면에서 혁신적인 신무기 기병의 활용*을 들수가 있다. 알렉산더 전쟁기인 기원전 5세기에는 기병이 없었다. 사람들이 말을 탈 줄 몰라서가 아니라 말이 사람의 무게를 감당할 수준이 못되었다. 최초의 말의 조상인 학명 에쿠우스는 큰 개정도의 크기로 성인 남자가 타기에는 무리였다. 이것을 가축화한것은 유라시아 대륙 중앙부의 대초원지대의 유목민이었으며, 최초로 이러한 말이 사용한 것이 전차의 활용이었다. 아시리아인이라고 불린 고대 유목민 계열이 최초로 말을 이용한 전차를 개발

하여 전쟁에 모습을 드러내었지만, 그때의 말은 사람을 태울 수 있는 동물은 아니었다. 심지어는 알렉산더 등장 100여 년 전인 기원전 6세기의 이집트 부조에서 최초로 말에 사람이 탑승한 장면이 등장하였지만, 기수가 올라탄 곳은 말의 대퇴부이고 엉덩이는 말의 제어 위치가 아니었다. 비로소 기원전 5세기 알렉산더 시기에 와서야 사람을 잔등에 태울 수 있는 신형 말인 학명 에쿠우스 카발루스가 탄생하게 되었다.

둘째로, *기병과 보병 연합 전술의 탄생*을 들 수가 있다. 당시 기병은 우수한 전력이었지만, 기병만으로는 전쟁에서 승리할 수 없었다. 당시 마케도니아 기병군은 전체 전력을 다 합쳐봤자 1만 내외의 전력에 불과했다. 그래서 어쩔 수 없이 보병이 중요한 전력으로 부각될 수밖에 없었고, 기존 기마 전투 전술을 어떻게 보병 전술과 연합하는가가 중요한 문제였다. 결국 중요한 것은 보병의 방어력과 기병의 기동력을 어떻게 조합시키는가 하는 문제였고, 이것을 이루어 낸 것이 알렉산더의 진정한 업적이라고 할 수 있다.

사실 속도만으로는 전차와 기병은 별로 큰 차이가 없었다. 하지만 중요한 것은 선회력 등에서 기병 쪽이 훨씬 우월했고, 공격 반응속도도 빠를 수밖에 없었으니 승패는 뻔한 노릇이었다.

알렉산더의 승리의 요인을 *문화 경제적인 측면*에서 살펴보면, 다리우스가 그리스를 침공한 이유, 그리고 알렉산더가 무모하기까지 한 원정을 감행한 이유는 단순한 정복욕이 아닌 **펠로폰네소스 그리고 에게 해를 둘러싼 경제적 이권**이 있었다. 현재의 그리스 지방과 터키의 소아시아 지방을 연결하는 이 황금 지대는 무역과 산업이 발달하여 고대에는 지중해의 중심이었던 지역이다. 전쟁에는 막대한 전비가 동원되고 그를 뒷받침할 재원이 확보되지 않으면 고전을 면치 못하게 된다. 그리스 측은 지중해 상인 세력을 등에 업고 싸웠지만, 페르시아 왕가는 혼자서 고군분투했으므로 그리스 측이 유리하다고 할 수 있다.

마지막으로 **종교적인 측면**에서 살펴보면, **알렉산더 대왕이 이끄는 그리스의 종교는 다신교**이다. 그래서 다른 민족을 접하게 되면 그 민족의 신까지도 자신들의 신들 속에 포함시켜 버리기 때문에. 당시로서는 **국제적인 종교가 될 수 있었다.** 그에 반해서 페르시아의 조로아스터교는 기본적으로 일신교에 가까웠으며, 이러한 일신교의 특징은 여타 종교에 대해서 철저한 배타성을 띤다는 것이 문제였다. 하지만 양측 모두 연합군의 특질을 보이는 상태라면 종교적인 문제도 크게 작용한다. 사실 마케도니아도 그리스 종교를 믿고 있었던 데 반해, 페르시아는 지중해 각지에서 모은 용병들인 까닭에 언어에서 종교까지 제각각이었던 것이 큰 문젯거리였고, 이러한 점이 페르시아 연합국의 단결력에 부정적인 영향을 끼쳤다.

● 결 론

알 렉산더는 자기가 정복한 땅에 알렉산드리아라고 이름 지은 도시를 70개나 건설하였다고 한다. 이 도시들은 그리스 문화 동점(東漸)의 거점이 되었고, 헬레니즘 문화의 형성에 큰 구실을 하였다. 그의 문화사적 업적은 유럽·아시아·아프리카에 걸친 대제국을 건설하여 *그리스 문화와 오리엔트 문화를 융합시킨 새로운 헬레니즘 문화를 이룩*한 데 있다.

세계전사에 길이 남을 알렉산더 대왕의 치적 이면에는 그의 남다른 노력이 숨어 있음을 알 수 있다. *제왕으로서의 권위보다는 관용과 포용 그리고 재산분배를 통하여 부하들의 마음을 휘어잡고 충성을 맹세하게 하였다.* 뿐만 아니라 당시의 전쟁전법의 혁신이라고 할 수 있는 기병을 활용하였으며 기병과 보병을 연합하는 전술을 구사하여서 심지어는 종교까지도 전쟁에 활용하였다. 다신교를 통해 여러 종교를 포용함으로써 전쟁 수행을 위해 결성된 연합세력의 전력을 한곳에 결집시켜 마침내 전쟁승리의 신화를 창조해 내었다.

✝ 화공계략으로 조조 대군을 물리친
적벽대전

▮ 전쟁에 대한 총평가

적벽대전은 *중국 삼국시대인 서기 208년 조조(曹操)의 대군이 손권(孫權)과 유비(劉備)의 소수 연합군과 싸웠던 전투*이다. 서기 184년에 장각이 10만여 농민을 이끌고 일으킨 황건적의 반란을 계기로 후한 제국은 붕괴해 버렸다. 이러한 혼란을 틈타 호족들이 힘을 키워 북부에는 조조가 서기 202년에 후한을 멸하고 위를 건국하였고 221년에는 유비가 촉을, 222년에는 손권이 오를 건국하여 위·촉·오 삼국시대가 열렸다. 한편, 3국 가운데 가장 인구(430만 명)가 많았던 위나라 조조는 중국을 통일하려고 80만 대군을 이끌고 남하, 적벽에서 유비·손권 연합군과 대치하였다. 그러나 손권의 장수 황개와 주유가 화공(火攻) 계략을 세워 공격함으로써 조조의 전선(戰船)이 불타게 되고 마침내 대패를 당하여 후퇴하였다. 이 결과 **손권의 강남 지배가 확정되었고 유비도 형주(荊州: 湖南省) 서부에 세력을 얻어 천하를 3분하는 형세가 확정**되었다.

　화공책은 적벽대전의 승패를 좌우했던 가장 중요한 요인이었다. 제갈량과 주유는 상당히 과학적이고 실질적인 측면에서 쌍방의 형세를 분석하여 대조조 항전전략을 수립했다. 이들이 수립한 전략에는 전체적인 정세를 바탕으로 하는 여러 가지의 다양한 전술이 포함되어 있었다. 화공을 전술로 선택한 것은 이러한 여러 가지 전술 가운데 결전 당일의 기후와 지리적인 조건을 감안했기 때문일 것이다.

　전문가들은 중국 역사상 가장 치열한 해전으로 적벽대전을 손꼽는다. 이 **적벽대전은 동서고금을 통해 가장 큰 승리요 가장 처절하게 패한 해전**인 것이다.

■ 전쟁배경과 양국전세 비교

　적기 200년경 장강 유역 일대에 전화의 폭풍이 휘몰아치고 있었다. 후한(後漢)이 멸망하기 직전 중원에서는 조조가 전국의 기초를 다지고 있었고, 양자강 남쪽에서는 손견의 아들 손권이 안정된 세력기반을 구축하고 있었다. 그러나 문벌도, 족벌도 없었던 유비는 이렇다 할 만한 영토도 없이 자신을 따르는 2,000~3,000명의 병졸을 이끌고 이리 밀리고 저리 쫓기며 떠돌아다니다 형주의 유표에게 의탁하고 있는 처지였다.

북방의 맹주 조조는 서량(대륙 서북쪽)의 마등과 화북지역의 원소를 격파하고 대군의 진로를 남쪽으로 틀었다. 그의 군대는 수년간 전장을 누빈 역전의 용사들로 구성되어 있었다. 게다가 변방의 오환, 선비족과 흉노족의 유목 기마병들까지 규합해 전투력은 실로 막강했다. 그러나 오의 손권은 양자강까지 밀고 내려온 조조의 병력을 감당할 수 없는 형편이었다. 그리고 보잘것없는 유비의 병력은 그나마 형주 주변의 작은 성 몇 곳에 분산돼 있었다.

208년 남정(南征) 길에 오른 조조의 15만 대군이 형주를 공격하면서 급기야 유비가 지키고 있던 신야성에 조조의 대군이 들이닥쳤다. 제갈량의 계책으로 한때 조조군의 예봉을 피하기는 했으나 대세를 뒤집을 수는 없었다. 유비는 양양을 거쳐 강릉으로 철수하지 않을 수 없게 되었다.

이에 강릉을 점령한 조조군은 장강을 따라 동오(東吳)로 진격하려 했다. 한편, 형주가 함락되자 다급해진 것은 손권이었다. 사태가 심각해지자 오에서는 문신들의 화평(항복)론과 무장들의 주전론으로 의견이 엇갈리게 됐다. 그러나 제갈량·노숙·주유의 노력으로 유비 군과 동맹을 맺고 일전을 결행하게 됐다. 당양으로부터 장강을 따라 내려온 15만 조조군의 대선단이 적벽 맞은

편 북안에 포진했으며, 약 5만 명의 촉·오 연합군은 적벽 근처에 대진하게 되었다.

이 전쟁은 양 진영의 머리싸움으로 결판나게 되었다. 상대적으로 절대 열세인 연합군 측과 막강한 조조군의 대결이었다. 주유와 공명은 천하의 조조를 함정에 빠뜨리지 않으면 승산이 없다고 판단했다. 조조의 대선단을 일거에 불태워 버리기 위해 조조 자신이 정박한 배를 묶어서 연결하는 사전 공작을 해야 했다. 이 일은 유비의 모사 서서에 의해 일단 성공했다. 적장을 제거하기 위해 주유는 방통과 짜고 거짓 정보를 흘렸다. 이때 사절을 가장한 첩자 장간이 훌륭히 임무를 수행했다.

조조는 소위 말하는 장계취계(將計就計)에 걸려든 것이다. 그 결과는 금세 나타났다. 조조 진영의 수군 책임자 채모·장윤을 조조의 손으로 제거한 것이다. 조조가 함정에 빠진 것을 알았을 때는 이미 늦었다. 마지막으로 선제기습 달성이 관건이었다. 그러나 이것이야말로 대단히 어려운 일이었다. 따라서 불의의 기습을 위해 오의 전선들이 조조의 대선단에 가까이 접근해도 적대행위를 하지 않고 방심하도록 만들어야 했다.

화공이 성공하려면 또 한 가지 조건이 구비돼야 했다. 즉 불길이 조조의 선단 쪽으로 쉽게 번질 수 있도록 동남풍이 불어주어야 하는데, 계절상 서북풍이 부는 시기였다. 그러나 지리·천문·기상에 뛰어난 제갈량이 이 문제를 해결했다. 그는 겨울철에도 단 며칠간은 동남풍이 분다는 것을 알고 있었다. 제갈량이 예측한 날 마침내 동남풍이 불기 시작했다. 그해 12월 초 황개는 조조에게 짐짓 항복한다는 것을 알렸다. 그리고는 10여 척의 쾌속선을 선발, 특공조를 편성했다. 충돌선에는 섶을 만재하고 아마유와 유황가루를 버무려 부었다.

황개의 쾌속선단이 순풍을 타고 조조의 선단으로 다가갔다. 조조의 진영에서는 투항하러 오는 배가 급하기도 하다고 의아해한 순간 황개의 배는 모두 불덩이가 돼 조조와 연결된 선단을 들이받았다. 동시에 날렵한 동오의 병졸들이 적선으로 뛰어들었다. 그리고 뒤이어 주유의 본대가 밀어 닥쳤다. 불길은 미친 듯이 번져 선단은 순식간에 아수라장이 됐다.

불길은 벌써 강변까지 번져 그곳에 포진한 조조군을 덮쳤다. 조조는 황망 중에 어찌해 볼 도리도 없이 말을 달려 불구덩이 속에서 빠져 나왔으나 너무 다급하고 당황해 방향을 잡지 못했다. 연기 속에 나타난 일단의 무리가 우군인 줄 알았으나 주유가 파견한 동오의 경기병이었다. 그는 오던 길을 되돌아 무턱대고 달렸으나 이번에는 촉나라 관우와 조우했다. 조조는 거기서 자신의 운이 다했다고 생각했으나 그의 부상한 몇 명의 장수가 사력을 다해 관우를 막았기에 조조는 간신히 목숨을 건질 수 있었다.

■ 전쟁의 승패요인 분석

적 벽대전의 결과로 삼국의 대치 국면이 조성되었다. 그것은 손·유연합군의 젊고 유능한 사령관 주유의 탁월한 능력이 가장 큰 기여를 했기 때문이다. 그렇다면 압도적인 우세에도 불구하고 조조가 적벽에서 대패하여 도망칠 수밖에 없었던 원인은 무엇일까? 그 원인은 대략 다음과 같이 네 가지로 정리할 수가 있다.

첫째로 *적을 지나치게 경시*하였다. 조조는 너무 쉽게 형주를 차지하고 유비를 물리친 탓으로 적을 경시했다. 게다가 형주를 점령하여 군사력을 증강하고 천연의 요새인 장강을 장악하여 적의 강점이 사라졌다는 판단을 했다. 그는 유비는 이미 저항능력을 상실했으며, 손권이 차지한 강동의 6군은 형주만도 못하다고 생각했다. 따라서 유종이 형주를 자신에게 바친 것처럼, 협박을 하면 손권도 강동을 들어 항복을 할 것이라고 생각했던 것이다.

둘째로 *조조의 전술적 착오*를 생각할 수 있다. 탐색전이나 다름없는 초전의 실패를 교훈으로 삼아 장강의 파도에도 불구하고, 수전에 경험이 없는 자신의 주력부대의 전투력을 향상시킨다는 목적으로 전선을 쇠사슬로 묶은 것이 오히려 자승자박이 되고 말았다. 그로 인해 조조의 함대는 급격히 기동력이 떨어졌으며, 게다가 황개의 거짓 투항을 가볍게 믿은 탓으로 화공에 대한 대비를 하지 못했다. 수많은 조조의 참모들이 화공에 대한 우려를 했으나 전술적 측면에서 채택되지 못한 것은 북방의 육군과 형주의 수군 사이에 커뮤니케이션이 이루어지지 않았음을 의미한다. 수군이 화공을 받아 궤멸되고 있었을 때 막강함을 자랑했던 조조의 육군이라도 전열을 정비하고 적의 공격에 대비를 했더라면 전황은 달라졌을지도 모른다.

셋째로 *작전능력의 저하*이다. 천시와 지리 등의 제약으로 조조군의 작전능력은 크게 떨어졌다. 207년 조조는 오환을 정벌한 후 곧바로 이듬해 군사를 남방으로 돌렸다. 형주를 쉽게 차지하고 유비를 패주시켰지만, 조조의 대군은 장거리 행군으로 몹시 지쳐 있었다. 미처 휴식을 취할 겨를도 없이 겨울이 찾아오자, 말에게 먹일 양초가 부족해져서 기병의 전력이 크게 감소했다. 게다가 기병과 보병으로 구성된 북방 출신의 병사들을 수전에 투입함으로써 장점을 오히려 단점으로 만드는 결과를 초래했다. 더욱 심각한 것은 기후와 풍토가 다른 곳으로 이동한 병사들이 풍토병에 걸려 상당한 전력을 전투에 투입하지 못했던 것이다. 아무리 용병의 귀재였던 조조라고 해도 그동안 주로 전투를 펼쳤던 지역이 황하 유역이었기 때문에, 새로운 전장에서의 대처능력이 떨어질 수밖에 없었다. 이러한 요인들은 군대의 사기를 크게 떨어뜨렸다. 전쟁이 벌어지기 전 제갈량과 주유가 손권에게 적의 전력을 분석해 보인 것과 그대로 일치된 현상이 나타났던 것이다.

넷째로 *민심 불복종과 사기 저하*를 들 수 있다. 조조가 형주를 강점했지만 형주의 민심은 조조의 통치에 복종을 하지 않았다. 유비가 양양에서 남하를 할 때 수많은 연도의 백성들이 유비를 따른 것처럼 이미 민심은 유비의 편이었다. 유비는 자신의 처지가 위급한 상황임에도 불구하고 이러한 백성들을 버리지 않았다. 이러한 유비의 태도는 군사적인 측면에서는 착오를 범한 것이었지만, 정치적으로는 대단한 영향력을 과시했다. 조조가 형주를 점령하여 강제로 편입한 군사의 수가 7만~8만에 이르렀지만, 그 가운데 진정으로 조조를 위해 싸우겠다는 생각을 가졌던 숫자가 과연 얼마나 되었을지는 알 수가 없다.

▌ 역사적/연구자 평가

조가 적벽대전에서 패전을 하게 된 원인은 그 외에도 여러 가지가 있을 것이다. 그렇다면 만약 황개의 '화공계'가 없었다면 승패는 어떻게 되었을까? 두말할 필요도 없이 화공책은 적벽대전의 승패를 좌우했던 가장 중요한 요인이었다. 특히 동남풍이 화공계의 성공을 좌우했던 관건이었다.

*제갈량과 주유는 상당히 과학적이고 실질적인 측면에서 쌍방의 형세를 분석하여 대조조 항전전략을 수립*했다. 이들이 수립한 전략에는 전체적인 정세를 바탕으로 하는 여러 가지의 다양한 전술이 포함되어 있었다. 화공을 전술로 선택한 것은 이러한 여

러 가지 전술 가운데 결전 당일의 기후와 지리적인 조건을 감안했기 때문일 것이다.

후세에 제갈량이 동남풍을 빌렸다는 전설이 널리 퍼져 있다. 주유와 황개가 화공전술을 사용하기로 결정할 때, 동남풍이 강하게 부는 밤에 작전을 전개하는 것이 유리하다는 점을 고려했을 것이다. 당연히 당시의 기상예측 수준에서 바람의 방향이 밤낮에 따라 달라진다는 정도는 알고 있었을 것이다. 따라서 황개와 주유가 화공전술을 선택했을 때에는 동남풍이 불지 않고 조조가 황개의 사항계에 속지 않았을 경우에 대비한 다양한 전술을 마련했을 것이다. 전선이 조조의 진영에 가까이 접근할 때까지 별다른 제지가 없는 것을 보고 황개가 원안대로 화공을 펼쳤던 것으로 판단된다.

█ 결 론

적 벽대전은 손·유 연합군이 5만의 병력으로 조조의 20만 정예군을 물리친 *중국전쟁사에 빛나는 사례 가운데 하나*이다. 이 전쟁의 승리로 제갈량이 융중대에서 제시한 '연오항조' 전략의 정확성이 증명되었다. 『손자병법 모공』에서는 "최상의 병법은 모략으로 적을 공격하고, 그다음은 외교로서 적을 공격하고, 마지막으로는 군사로서 적을 공격한다."라고 했다. 따라서 제갈량의 입장에서 적벽대전은 외교전의 승리라고 할 수가 있다. 적벽대전을 승리로 이끈 가장 직접적인 전술은 주유의 '화공계'였다. 유능한 지휘관은 천시, 지리, 인화의 원리를 터득한 사람이라고 한다면, 천시에 해당하는 기후의 변화에 대한 정보가 없었다고 말하기도 어렵다. 주유나 제갈량 가운데 어느 누가 동남풍을 예측했든 그들이 화공계를 생각했을 때는 동남풍이 불 것으로 확신이 있었다고 생각한다.

적벽대전에서 참패한 조조는 강릉으로 퇴각했다. 유비와 주유는 수륙양면으로 진격하여 남군까지 조조를 추격했다. 조조의 대군은 질병과 굶주림으로 태반이 줄어들었다. 형세가 불리하다고 판단한 조조는 정남장군 조인과 횡야장군 서황에게 강릉을 지키게 하고, 절충장군 악진에게 양양을 지키게 한 다음 자신은 북쪽으로 돌아갔다. 조조가 손·유 연합군과의 결전을 유예하고 북방으로 돌아간 것은, 관서지방에서 세력을 키우면서 후방을 위협하던 마초와 한수를 제거하여 후방의 우환을 없애기 위해서였다. 또 다른 목적은 중원지역의 경제를 활성화하여 전국을 통일할 수 있는 역량을 비축하기 위해서였다.

연합군이 강릉을 포위하고 강공을 퍼붓자 조조는 조인에게 강릉을 포기하고 번성으로 퇴각하라는 명령을 내렸다. 이로써 조조는 병력을 축소하여 양양과 번성을 잇는 방어선을 구축했다. 주유는 승세를 타고 원래 형주의 관할 지역이었던 강하와 남군을 차지했다. 이로써 동오의 세력은 장강 중류 지방으로 확대되었다. 손권은 주유를 남군태수로 임명하여 강릉에 주둔하게 하고,

정보를 강하태수로 임명하여 지금의 호북성 무창시의 서쪽인 사선에 주둔하게 했다. 조조의 재침을 방어하기 위한 조치였다.

사방을 전전하던 유비가 2년 전 제갈량을 만났을 때 세웠던 천하삼분지계의 초보적인 형태가 형성되었다. 유비는 제갈량을 군사중랑장에 임명하고, 지금의 호남성 형양현인 임증에 주둔하게 하여 영릉, 계양, 장사 등 3개 군의 조세를 관리하게 하여 군비를 튼튼히 했다. 유비의 세력이 좀 더 발전하게 되면서 제갈량은 '군사장군'으로 승진되어 더욱 많은 권력을 장악하게 되었다.

공군이 본질적으로 다른 부서의 지휘와 감독을 받게 되면 항공력의 발달이 절대적으로 지장을 받는다. 왜냐하면 다른 부서는 항공력이 단지 그들을 보조하는 것으로만 볼 뿐 원칙적인 역할을 간과하기 때문이다.

―미첼 ―

✝ 기동력에 의한 기습작전이 주효했던 칭기즈칸의 세계 대정벌

🐟 전쟁에 대한 총평가

중 세 후기 13세기경 몽골의 유명한 영웅 칭기즈칸은 기병대를 이끌고 한때 세계를 지배했다. *칭기즈칸이 역사상 가장 거대한 제국을 건설할 수 있었던 것은 무적의 군대를 보유하고 훌륭한 전법을 구사하였기 때문*이다. 칭기즈칸은 수십 년에 걸쳐 주위의 부족을 정복하며 유목민들의 마음의 벽을 허물어 융화시켰으며, 심지어 전쟁 포로들도 자기편으로 만드는 용병술의 대가였다. 또한 칭기즈칸은 효율적인 군사 조직과 제도를 중요시하여 표준화했기 때문에, 정복에 의해 영토와 인구가 계속 확상뇌어 갔지만 시스템 내에서 체계성을 유지할 수 있었다.

칭기즈칸은 공동체의 활력을 극대화하기 위해 개인 약탈을 금지하는 등 군대의 규율을 확립하였고, 유목군대가 갖는 전술적 장점인 속도경쟁, 장비의 경량화, 매복과 기습 작전 등등을 구사하였다. 이로써 군대와 전쟁의 역사는 칭기즈칸이 출현한 후에 혁명적으로 바뀌었다.

그래서 *역사 비평가들은 세계에서 가장 위대한 인물로 칭기즈칸을 꼽는 데 주저하지 않는다.* 그는 세계 전쟁사에 있어서 알렉산드리아 대왕, 나폴레옹과 함께 뛰어난 전략가, 정치가로서 유명하다. 뿐만 아니라 1995년 미국 워싱턴포스트지도 지난 천년간 가장 위대한 인물로 칭기즈칸을 선정하는 등, 현대에 이르러서 칭기즈칸이 단순히 정복자가 아님이 드러나고 있다. 즉 칭기즈칸이 참여한 전투를 역사적 근거로 분석하여, 탁월한 적응능력을 지닌 천재적인 전술 및 전략가임을 밝혀내고 있는 것이다.

◤ 전쟁배경과 전개과정(비교)

칭기즈칸과 그를 추종하는 불패전사들을 '800년 전에 21세기를 살다간 사람들'이라고 말한다. 칭기즈칸은 유라시아의 광활한 초원에서 오랜 내전을 종식하고 몽고 초원을 통일한 다음, 바깥세상으로 달려 나갔다. 칭기즈칸시대에 정복한 땅은 777만 평방킬로미터에 이르는데, 이는 알렉산더 대왕, 나폴레옹, 히틀러가 차지한 땅을 합친 것보다도 넓다. 그의 통치철학과 전략, 전술이 현재의 우리에게 주는 교훈은 너무 값진 것이다.

칭기즈칸과 그의 후손들이 만든 역사에서 오늘의 우리는 많은 것을 배울 수 있다. 그들은 *전투에 임하기 전 세심하게 정보를 파악했으며, 보급과 무기체계를 단순화*하여 원거리 원정을 가능케 했고 죽음을 두려워하지 않았으며, *부대 상호 간에는 유기적인 배치와 관계를 형성*하였다. 그리고 정복 후에는 *어떤 민족이든 문화와 종교를 인정*하였을 뿐 아니라, 스스로도 *주변국의 문화를 적극적으로 받아들였다.* 또한 칭기즈칸은 *인종과 종교를 가리지 않고 인재를 등용*했다. 많은 사람들은 몽고군 하면 지평선에서 미친 듯이 밀려오는 기마군을 생각하지만 사실상 몽고군은 10여만~30여만 명에 지나지 않았다.

칭기즈칸은 강한 적이든 약한 적이든 주도면밀하게 탐색하고 누구의 말이든 세심하게 귀를 기울였다. 이런 면은 부하들과 후손들에게 그대로 이어져, 대제국을 거느리는 좋은 힘이 되었다.

몽고군이 행군할 때는 아무리 작은 부대라도 항상 정찰병을 사방에 파견하여 복병을 조심하였다. 그들은 높은 곳에 올라가 약 100~200km 정도를 정찰하였으며 토착민들을 붙잡아 전투하기에 적합한 장소 및 야영지, 양식 등을 미리 알아두었다. 또한 몽고군은 적은 양의 음식으로도 장기간 살아남아 싸울 수 있었으며 말 위에서 자고 먹고 할 정도였고 식량이 떨어지면 타고 다니는 말을 잡아먹었다고 한다. 그리고 지휘자의 막사는 항상 높은 곳에 잡고 그 주위에 순찰 경비병을 두었다.

초기 칭기즈칸의 행로는 정벌이라기보다는 약탈을 위한 습격의 개념에 가까웠다. 그러다 칭기즈칸은 규율을 새로 세워 개인적 약탈을 금지하고, 합리적으로 약탈물이 분배되도록 하였다. 이 덕분에 모든 부대의 구성원들은 자신의 기여도만큼 분배가 온다는 것을 알게 되었고 이는 전체 구성원을 하나로 묶어 주었다.

▐ 전쟁의 승패요인 분석

칭기즈칸이 인류 역사상 최대의 영토를 정복하기까지는 남다른 용병술이 있었음이 분명하다.

첫째, **상하 간에는 형제애에 의한 정으로 똘똘 뭉쳤다.** 사준마 모칼리의 경우와 같이 생과 사를 함께 할 친구관계를 중요시하였으며, 친구를 사귐에 있어 어떤 조건과 편견을 가지지 않고 동지가 되었다. 만일 전쟁 수행 중 몽고군의 전사자가 많으면 점령지에 철저하게 복수하였고 의를 배반하는 자는 반드시 응징하였다.

둘째, **특권의식 없이 서민적인 생활을 하였다.** 몽고군 안에서는 평등의 원칙이 지배하였다. 누구든 존칭을 붙이지 않고 이름을 서로 부르도록 한 원칙에는 칭기즈칸도 예외가 아니었다. 어떠한 지휘관도 사람들 앞에서 혼자 포식할 수 없었다. 칭기즈칸 자신도 '누더기 같은 옷을 입었다'는 등 평생 검소한 생활을 하였고 심지어는 황후도 '활을 풀어 옷을 해 입었다'고 할 정도였다. 그러하기에 부하들은 열과 성을 다해 정복전쟁에 임했고 재산과 권력을 탐하지 않았다.

셋째, *어떠한 여건 하에서도 생존할 수 있는 생활습성을 지니고 있었다.* 몽고군은 전투에 임하면 물불을 가리지 않았고, 아무리 위험한 곳이라도 주저하지 않고 뛰어들었으며, 보급이 끊어져 어려움을 당하면 말 젖을 먹고 때때로 사냥한 들짐승을 먹으며 보통 1개월쯤 견디어 냈다. 남자는 이틀 밤낮을 말안장에서 내리지 않고 그대로 견디며 말이 풀을 먹는 동안 잠잘 수 있도록 훈련이 되어 있었다. 급한 임무를 수행하기 위해서는 10일쯤 불도 피우지 않고 고기도 먹지 않고 강행군할 수 있었다. 그동안 그들은 자기가 타는 말의 정맥을 끊어 그 피를 마시는 것이었다. 또한 몽고군은 젖을 진하게 만들어 걸쭉한 풀처럼 만들어 군량으로 사용하였다.

넷째, *칭기즈칸은 적응력이 뛰어난 철저한 현실주의적인 인물이었다.* 현실에 잘 적응하기 위해 다른 인종의 우수한 사람을 발탁하여 우대하고 그들의 조언을 듣고 현명한 판단을 하였다. 다시 말해 칭기즈칸은 인종과 종교를 가리지 않고 인재를 등용했던 것이다.

다섯째, *독특한 병법을 사용하였다.* 칭기즈칸은 손자병법에 나오는 공기무비 출기불의(攻基無備 出基不意) 전법을 최대한 활용했다. 그래서 추격할 때는 밤낮 가리지 않고 급히 추격하여 적이 예상하지 않는 시기와 장소에서 급습했으며, 적을 포위할 때도 적이 한곳에 집중하여 돌파할 것에 대비하여 전열을 여러 겹으로 하여 포위망을 좁혀 나아갔다. 항상 더 많은 수의 적과 싸워왔던 칭기즈칸은 적이 강공을 하면 재빨리 물러났고, 적이 굳게 지키면 반드시 혼란하게 만든 후 공격하였다. 그러나 공격이 시작되면 수단방법을 가리지 않고 쉴 새 없이 밀고 들어갔다. 특히 유럽인들은 몽고군이 보여준 필사적인 결의, 허를 찌르는 기동력, 상대방을 무력화시키는 전술 등에 대해 '황색공포(Yellow Peril)'라고 표현하였다.

여섯째, ***칭기즈칸은 정보 입수 및 전달력의 귀재***였다. 마르코 폴로가 쓴 '동방견문록'에 따르면, 이들은 제국의 어느 변경에서 일어난 일도 하루 밤낮을 쉬지 않고 500km를 달려 황제에게 보고하는 '잠'이란 역체(驛遞)시스템을 갖추고 있었다. 칭기즈칸이야말로 최초로 세계경영의 마인드를 가진 인물이었던 것이다. 칭기즈칸은 몽고군의 광범위한 첩보 조직을 사용하여 적의 정보를 소상하게 알고 지휘함으로써 몽고군이 접근하기도 전에 적은 이미 공포에 질려 있었다.

■ 역사적 평가

명 품에는 진가가 반드시 있게 마련이듯이, 역사 비평가들과 워싱턴포스트지가 동시에 과거 천 년 동안 가장 위대한 인물로 칭기즈칸을 꼽는 데에는 많은 이유가 있다. 상하 간의 형제애 유지, 평등에 의한 서민적 생활, 어떠한 여건 하에서도 생존능력 배양, 인종을 가리지 않는 인재등용, 독특한 병법구사 등이 그를 칭송하는 이유이다. 특히 전쟁터에서 죽은 시체를 방치하지 않고 반드시 되찾아와 편안하게 안장해 주어 전사들이 용맹스럽게 싸울 수 있도록 여건을 조성하였다. 하지만 과거 서양 사람들은 전쟁사에서 칭기즈칸 군대가 남긴 자취를 애써 경시하는 경향을 보여 왔다. 이는 서양우월주의에 기인한 것이라 볼 수 있다. 서양인들은 자신들의 조상이, 오늘날 후진국의 자리를 밑돌고 있고 자랑거리가 별로 없는 몽골인들과의 전쟁에서 패배한 사실을 부끄럽게 생각하고 있다. 그리하여 칭기즈칸과 몽골인들을 크게 다루지 않고 원시적이고 잔인한 면을 강조할 뿐 그들의 군사적 우수성에 대해서는 소홀히 취급했었다. 그러나 칭기즈칸은 인류 **역사상 가장 거대한 제국을 건설**하였다. 이는 한마디로 기병대라는 무적의 군대를 보유하고서 적을 몰살시켜 공포에 질리게 하는 등 적의 사기를 떨어뜨리는 전법을 구사하였기에 가능한 것이었다.

▌ 연구자 평가

 기즈칸의 지휘기법 가운데 **부하에 대한 지극한 배려로 인해 충성을 다하게 만드는 것**은 그에 대한 평가에 있어 유난히 돋보이게 하는 점이다. 칭기즈칸이 천민 출신 모칼리에 대해 남달리 배려함으로써 그 은혜에 보답하고자 열심히 일하여 모칼리 3대가 과로사 했던 점 등을 생각하면 칭기즈칸의 위대성에 감탄하게 된다. 칭기즈칸의 대정복 신화창조를 위해 3대가 과로사 하는 기적적인 모범을 남겼고 칭기즈칸은 그에게 훗날 지상 최대의 나라 금나라를 주었다. 중국 대륙을 호령한 권(權)황제가 바로 그였다. 이처럼 믿기 어려울 정도로 칭기즈칸은 최하층인 모칼리에게 최대한의 대우를 해줌으로써, 심복 모칼리는 물론 그의 아들, 손자까지 칭기즈칸에 충성을 다하다가 과로사로 죽었다고 하니, 얼마나 그들이 칭기즈칸에 헌신했는가를 짐작할 수 있으며, 칭기즈칸의 용병술이 사람의 마음을 움직이는 마력을 지녔음을 알 수 있다.

몽고군에는 "친구를 둬도 사생결단을 같이할 다정한 놈을 두어야지", "태어난 곳은 달라도 죽는 곳은 같다"라는 두 개의 속담이 있었다. 첫 번째 속담은 친구라면 생과 사를 함께해야 한다는 의미이고 두 번째 속담은 진정한 친구라면 함께 죽을 수 있어야 한다는 의미로, 두 가지 속담 모두 우정의 조건은 삶 자체보다는 생사를 함께하는 데 있음을 강조하고 있다. 이처럼 **몽고군들은 죽음조차도 가를 수 없는 형제애로 똘똘 뭉쳤다.** 특히 칭기즈칸은 배반을 가장 싫어하였다. 적이라도 신의(信義)를 지키는 자에게는 파격적인 보상을 해 주었기 때문에 칭기즈칸에게는 자신을 위해 죽어줄 80명의 벗(누쿠르)들이 항상 가까이 있었다. 이 중 불패의 전사들을 '사준마'와 '사맹견'이라 불렀다. 이러한 '사준마', '사맹견'들의 헌신적인 자세와 맹목적인 충성이 없었더라면 칭기즈칸이 역사상 가장 넓은 영역을 정복하는 것은 불가능했을 것이다.

몽고군은 전우들이 싸우다 죽으면 방치하지 않고 형제와 벗의 시체를 되찾아왔다. 다시 말해 몽고군은 전우가 전사하면 반드시 그 시체를 찾아 낙타에 싣고 돌아왔던 것이다. 서정(徐霆)이 기록한 내용을 보면, 군대에서 사망할 경우 만약 노비가 죽은 주인의 목을 낙타에 싣고 오면 주인의 가축과 재산을 지급하고, 다른 사람이 그것을 가져온다면 처와 노예 그리고 가축과 재산을 나누어 주었다. 그래서 몽고군은 죽어도 고향에 돌아갈 수 있다는 믿음으로 생명을 걸고 용감하게 싸워 전쟁에서 승리를 쟁취할 수 있었다.

■ 결 론

칭기즈칸은 세계 역사비평가들이 가장 위대한 인물로 꼽고 있으며, 역사상으로 가장 넓은 지역을 지배하였다. 그럼에도 그를 야만인의 상징적인 인물로 보고 잔인한 면을 부각시키는 것은 그에 대한 편협한 시각이라 생각한다. 왜냐하면 복잡한 유목민 사회를 통합하여 전 세계를 정복하기까지는 그만의 독특한 특성이 있었기에 가능했기 때문이다. 칭기즈칸은 효율적인 군사조직과 제도를 중요시하여 표준화했을 뿐만 아니라 유목군대가 갖는 전술적 장점인 유목경쟁, 장비의 경량화, 매복과 기습작전 등을 구사하였다. 이에 따라 군대와 전쟁의 역사는 칭기즈칸이 출현한 후에 혁명적으로 바뀌었다. 그 가운데에서도 깊은 감명을 주는 것은 전쟁에서 죽은 전사의 시체를 반드시 찾아와 환대해 줌으로써 부하들로 하여금 충성을 다하게 한 점과 정복지역의 포로들까지 자기편으로 만드는 용병술이다. 특히 천민 출신이지만 그의 인간적 배려에 감복, 3대가 충성을 다하다 과로사한 모칼리 가족 얘기를 통해 그의 위대성이 무엇인지를 깨달을 수 있다.

> 공군만이 자체의 전투자원으로 공중을 통해 자기의 의지를 관철할 수 있다. 그러므로 공군만이 전략군으로서 국가 군사력의 기본적 도구로서의 역할을 한다. 적절한 크기와 능력을 가진 공군은 평화 시에 국가정책을 이행하기 위해 사용되며, 전시에는 제공권을 확보한다.
>
> ― 세바스키 ―

✝ 자유라는 수의를 입고 죽음을 택한 마사다 항쟁

🔥 전쟁에 대한 총평가

로 마군에 항복하여 굴욕스럽게 노예가 되느니 자유라는
이름의 수의(壽衣)를 입고 **죽음을 택함으로써 오히려 적
에게 정신적 패배의식과 섬뜩한 두려움을 안겨주어 유대민족의
정신이 영원히 살아 숨 쉬고 있음을 일깨워 준 마사다 항쟁.** 오
늘날에도 이스라엘군 장병들의 교육훈련 수료식에서는 "마사다
정신을 잊지 말자"라고 적힌 철골아치에 불을 붙여놓고 그 앞에
도열하여 구호를 외치고 맹세를 하며 사관생도들은 임관 전에
마사다를 방문, 아픈 역사를 상기하고 애국심을 고취한다고 한다.

A. D. 66년 이스라엘은 로마제국의 침략을 받고 70년간 끈질
기게 저항을 했으나, 막강한 군사력 앞에 전 국토가 점령당하고
예루살렘은 로마의 수중에 들어갔다. 이에 지도자 벤 야이르는

960여 명의 유대인을 이끌고 로마군을 피해 마사다의 요새에 몸을 숨겨서 끝까지 저항하였다.

로마군은 반역에 대해서는 철저하게 응징한다는 것을 보여주기 위해, 결사 항전하는 960명의 유대인을 죽이는 데 수만 명의 군사를 동원하였다. 로마군은 마사다 요새 주변에 8개의 캠프를 만들고 캠프와 캠프 사이에 성벽을 구축, 마사다를 겹겹이 포위하여 유대인의 야간탈출을 원천적으로 봉쇄하였다. 시간이 흘러 더 이상 버틸 수 없는 상황에 이르자 마사다 요새의 이스라엘인들은 로마인들에게 잡혀 노예가 되느니 차라리 죽음을 택하겠다며 스스로 목숨을 끊었다. 자결하기 직전 요새의 지휘관인 엘리아자르 벤 야이르는 다음과 같은 연설을 하였다. "자유롭게 죽음을 택하자! 그리하여 적에게는 시체밖에 남겨주지 않도록 하자! 이것은 승리한 적에게 실질적으로는 패배를 안겨주는 일이요, 먼 훗날 우리 자손들의 승리를 보장하는 길이다. 우리 모두 자유라는 수의(壽衣)를 입자!" 이들은 항복하는 대신에 전원이 자결함으로써 유대 민족의 저항정신이 죽지 않고 숨 쉬고 있음을 증명하였다.

📓 전쟁배경과 전개과정

서 기 72년 플라비우스 실바 장군이 제10군단과 보조 군단을 이끌고 마사다로 진군해 왔다. 군세는 병사 9,000명과 노역에 부릴 유대인 전쟁 포로 6,000명. 실바는 마사다를 빙 둘러 벽을 쌓고 곳곳에 망루를 세웠다. 그러나 반란군보다 그들을 포위한 로마군의 사정이 더 열악했다. 로마군은 먼 데서 물을 길어 왔고 보급품도 유태광야 너머에서 날아왔다. 포위 작전이 소용없다고 깨달은 로마군의 실바 장군은 무더운 여름이 오기 전에 공격하기로 했다. 마사다 서쪽 벼랑에는 희고 넓은 바위가 툭 튀어나와 있었다. 로마군의 실바 장군은 그 바위에까지 흙과 돌을 다져 비탈을 쌓도록 했다. 비탈 꼭대기는 마사다 성벽보다 20m쯤 낮았다. 이 엄청난 흙산 쌓기 공사는 아이러니하게도 유대인 포로들이 해냈다. 마사다 쪽에서는 활을 쏘아 이 공사를 막으려 했지만 좁은 전선(戰線), 즉 성벽의 한 지점에 많은 병력을 투입할 수 없었다.

다음 단계로 로마군은 망루같이 생긴 공성탑(攻城塔)을 만들어 비탈 위로 올렸다. 공성탑 높이는 마사다 성벽보다 조금 높았다. 철판을 두른 이 탑에서 로마군 궁수들이 활을 쏘아 엄호하는 사이에 다른 병사들이 투석기(投石機)를 끌어올렸다. 세계를 정복한 로마군의 투석기는 무서웠다. 사거리가 400m나 되는 투석기가 20~25kg짜리 돌들을 날려 보내자 성벽은 속절없이 무너지고 말았다. 유대인들은 무너진 성벽 자리에 서둘러 또 다른 벽을 쌓았다. 그들은 나무기둥을 두 겹으로 박고 그 안에 흙을 넣어 돌이 날아와도 무너지지 않도록 했다. 그러자 불화살이 유성처럼 날아가 박히고 햇불이 던져졌다. 남풍(南風)마저 가세하자 나무

벽은 순식간에 불길에 휩싸였다.

로마의 실바 장군은 일단 진지로 물러났다. 그는 날이 밝으면 공성탑에서 구름다리를 놓고 성안으로 들어가기로 했다. 로마 정규군 9,000명과 유태 반란군 수백 명의 대결. 마사다는 로마군의 손아귀에 들어간 것이나 다름없었다. 로마 병정들은 유대인이 한 명도 도망치지 못하도록 밤을 새워 물샐 틈 없이 지켰다. 밤사이에 유대인 전원이 자결한 것을 실바가 알 리 없었다. 날이 밝자 로마군은 단단히 무장을 갖추고 성벽에 나무다리를 걸쳐 놓았다. 로마군 선봉이 함성을 지르며 구름다리를 건넜다. 그런데 너무나 이상했다. 적은 그림자도 보이지 않고, 성은 무섭도록 고요함에 잠겨 있었다.

불탄 건물과 960명의 장렬한 주검이 로마군을 맞았다. 그들은 뜻밖에 벌어진 일 앞에서 어찌할 바를 몰랐다. '우리들의 비겁한 패배가 저들의 승리를 더욱 영광스럽게 해서는 안 됩니다. 그들로 하여금 우리의 죽음에 실망하고, 경탄하도록 만듭시다'라고 열변을 토한 벤 야이르의 말이 그대로 이루어졌다. 비록 적군이지만 그 장렬한 죽음 앞에서 로마군은 기뻐할 수가 없었다. 병사들이 이곳저곳을 수색하자 두 여자가 숨어 있던 도랑에서 나왔다. 여자들이 간밤에 있었던 일을 자세히 말하자, 실바는 두 여자와 아이들 다섯을 모두 살려 주었다. 로마군은 마사다에 40년쯤 머물렀다. 500년가량 지나 비잔틴 수도사들이 한동안 살았지만, 이슬람교도들이 유태를 정복하자 그들도 떠나갔다. 유대인들이 이스라엘을 세우기까지 1900년간이나 세계 여러 곳에 흩어져 떠돌아다니면서 몸소 겪은 좌절과 고난의 역사 속에서도 마사다 정신은 유대인들에게 굳센 의지와 신념을 불어넣어 주었다.

✒ 전쟁의 의의

유태 민족이 마사다 요새에서 로마군에게 끝까지 저항하다가 전원 죽음으로써 로마군의 정신적인 패배를 안겨준 마사다 항쟁의 의의가 무엇인가를 살펴보면 다음과 같다.

첫째, **진정으로 승리하는 방법을 일깨워 주었다.** 전쟁에서 당장 이기는 것만이 승리한 것이 아니라, 비록 지금은 역부족으로 패배하여 죽게 된다 하더라도 먼 훗날 역사가들이 평가함에 있어 순간적인 패배는 진정한 승리로 평가되고 그 죽음이 헛되지 않고 유대민족의 가슴에 영원히 살아 있음을 일깨워 주었다. 다시 말해 패배자로 굴욕적인 삶을 사느니 떳떳한 죽음을 택하는 것이 영원히 사는 것임을 일깨워 주었다.

둘째, **죽음을 불사하는 끈질긴 저항 이면에는 시오니즘이라는 사상으로 무장되어 있었다.** 신이 선택한 민족이기에 언젠가는 메시아가 나타날 것이라는 믿음은 숱한 시련과 역경을 이겨내고 유대민족을 이 지구상에 존재하게 해 주는 정신적인 버팀목이 되었다. 즉 로마군에 완전 포위당하여 더 이상 물러설 곳이 없는 절박한 상황에서 유대인이 죽음을 명예롭게 선택하게 해 준 것은 시오니즘이라는 종교적 신념이었다.

셋째, 비록 외형적으로 사라진 국가일지라도 **국민들 가슴속에 나라 사랑 정신이 존재하면 언젠가는 재건될 수 있음을 보여주었다.** 유대민족이 2,000년 가까운 기간 나라 없는 민족으로 세계 각지에 떠돌면서도 지구상에서 영원히 사라지지 않고 이스라엘을 다시 세울 수 있었던 것은 마사다에서 보여준 저항정신을 바탕으로 한 국가재건을 위해 어떠한 희생도 감수하는 참애국정신이 존재해 있었기 때문임을 주지해야 하겠다.

▌ 연구자 평가

마사다의 신화는 서기 66년 이스라엘의 유대인들이 로마의 식민지배에 반기를 들고 봉기한 것에서 시작된다. 유대인들은 3년여에 걸쳐 게릴라전으로 끈질기게 저항했다. 그러나 압도적으로 우세한 로마군에 패배해 갈 곳이 없자 서기 72년 마사다 요새에서 최후의 저항을 하게 된다.

로마군은 최정예 10군단을 투입하여 마사다를 겹겹이 에워쌌다. 완전히 고립되고 식량과 물이 고갈되는 절박한 상황에서 3년간 버티던 유대인들에게 최후의 날이 왔다. 이들은 실로 무서운 결정을 내렸다. *'적에게 항복하여 목숨을 구걸하고 노예가 되는 것보*

다 차라리 스스로 자결하는 자유의 길을 택하겠다'는 것이었다.

전투원들은 먼저 자기 가족을 죽였다. 그런 다음 열 사람씩 제비뽑기를 해 한 사람이 아홉 명을 죽이는 방법으로 죽음의 의식을 행했다. 최후의 한 사람은 전원이 죽은 것을 확인한 후 성에 불을 지르고 자결했다. 로마군이 마사다를 점령하였을 때 살아남은 사람은 5명의 아이와 2명의 여인뿐이었다. 이스라엘 군인들이 외치는 구호 소리를 통해 그들 조상의 비극적 역사 현장이 마음속 가장 깊은 곳에서 영웅적이고 교훈적인 장소로 영원히 살아 있다는 것을 느끼게 되었다. 그 마사다의 저항정신이 오늘날 이스라엘을 세계적으로 강한 나라로 만드는 계기가 되었다.

▮ 역사적 평가

이스라엘 민족은 수천 년 동안 세계 각처를 방랑하면서도 자신들은 신에 의해 선택받은 민족이라는 선민(選民)의식을 버리지 않고 언젠가는 메시아가 나타나 유대민족에게 약속의 땅인 시온(Zion)에 유대 국가를 이루게 해 줄 것이라고 믿어 왔는데, 이것이 수천 년 동안 이스라엘 민족을 이끌어온 저력이었던 것이다. 이스라엘 민족은 이러한 시오니즘을 바탕으로 1897년 스위스 바셀에서 제1회 시오니스드 회의를 개최하어 팔레스티나를 개척, 세계의 유대주의를 통합하고 민족의식 강화와 단결을 결의하였다. 로마군의 공격으로부터 유대인들이 *끝까지 버티*

고 죽음으로 항전할 수 있었던 것은 바로 이 시오니즘에 의한 것이었다.

■ 결 론

마 사다 요새에서 유대인들이 이루어 내었던 생사를 건 저항은 군복 입은 군인에게 있어서 진정한 승리는 무엇이고 진정한 자유는 무엇인가를 일깨워 준다. 비굴하게 살아남기보다는 자결하여 시체만 남을지라도 부당한 침략에 맞서 끝까지 저항하는 정신은 참군인의 표상으로 영원히 살아 숨 쉰다.

"자유로운 죽음을 통해, 우리 후손들에게 승리를 보장하자."
이와 같은 마사다 저항정신은 우리 민족에게도 살아 숨 쉬고 있다. 황산벌 전투에서 13만의 나·당 연합군에 불과 5천 명의 군대로 맞섰던 계백 장군은 결사항전을 한다 할지라도 중과부적임을 미리 알고 가족들이 적에게 붙잡혀 비참하게 살아가기보다는 차라리 자신의 손으로 목을 베어 명예로운 죽음을 선택하게 하였다. 이는 마사다 저항정신과 일맥상통한 것이라 할 것이다.

> 그 누구든, 초현대식 무기를 갖추고 있다 하더라도 공중을 완전히 장악하고 있는 상대와 싸울 때는 야만인들이 현대 유럽의 군대와 싸우는 것과 같을 것이다.
>
> ─ 롬멜 ─

✝ 끈질긴 저항으로 민족자존을 지킨
삼별초 항쟁

🔖 전쟁에 대한 총평가

1 170년 고려 원종이 문신 중심의 강경파와 함께 몽고에 다녀온 후, 백성들이 겪을 고초를 생각하지 않고 개성 환도의 명령을 내리자 삼별초에 속한 무신들은 이를 더 이상 돌이킬 수 없는 몽고에 대한 굴복으로 생각하고 항전으로 맞서게 되었다. 그런데 삼별초 무신들이 몽고군과 정부군의 연합군을 상대로 싸운다는 것은 승산을 바란 것이 아니었고, 오로지 *조국을 짓밟은 침략자를 최후의 일각까지 내쫓고야 말겠다는 호국의지의 분출이었으며 민족자존의 근간을 세우는 것*이었다. 다시 말해 자신의 이익에 급급하여 조국을 버린 고려의 왕신과 신하들과는 대조적으로 끝까지 저항하여 민족자존의 불씨를 되살린 삼별초의 임전무퇴 정신은 숱한 외침 속에서도 우리나라를 꿋꿋하게

지켜준 버팀목이라 하겠다. 또한 여·몽 연합군과 맞서 싸웠던 삼별초의 끈질긴 저항은 왜적을 격퇴하고자 했던 *고려 무인의 자주정신이 발휘된 획기적인 사건이며 불굴의 기상을 표출한 것*이라 하겠다.

▌ 전쟁배경과 전개양상

삼별초는 *야별초의 좌·우별초와 신의군을 함께 일컫는 말*이다. 야별초는 최씨 정권의 2대 집권자인 최우가 수도의 치안을 맡기려고 특별히 편성한 군대였다. 그 무렵 농민과 천민의 봉기가 끊이지 않았기 때문에 무신정권으로서도 특별한 대책을 세우지 않을 수 없었다. 그리고 신의군은 대몽 항쟁의 과정에서 적에게 포로가 되었다가 도망쳐 온 사람들로 구성된 부대이다. 그렇기 때문에 신의군은 몽고에 대한 적개심이 유달리 컸다.

1270년 6월 *삼별초의 배중손과 노영희 등은 순수한 민족정신을 바탕으로 승화 후 온을 옹립하고 강화에 새로운 정부를 수립*하였다. 삼별초의 반란을 촉발시킨 직접적인 원인은 원종이 삼별초의 해체를 명한 데 있었으며, 삼별초가 무신정권의 직접적인 물리력으로 활용되었던 것도 부정할 수 없는 사실이다.

따라서 삼별초 항쟁은 부분적으로 배제되어 가는 무신정권의 잔여 세력들이 왕권강화와 친정체제 구축을 시도하는 원종에 도전하는 것으로 볼 여지도 있다. 그러나 원종의 이런 정치적 움직임은 몽고의 후원을 배경으로 이루어진 것이었으며, 따라서 그 반대편에서 움직인 삼별초의 항쟁은 자연히 반몽고적인 민족 항쟁으로서의 성격을 가지게 되었다. 1270년 6월 3일 강화도의 삼별초군은 1천여 척의 함선을 타고 진도로 이동하였다. 8월 19일 진도에 도착한 삼별초군은 전라도와 경상도 일원을 제압하였고 제주도까지 장악하였다.

이듬해인 1271년 5월, 삼별초군 중 상당수의 병력이 인근 남해안 일대에 나가 있는 사이, 개경의 정부군과 몽고군은 기습적으로 진도에 상륙, 공격을 감행하였다. 기습공격을 받을 것이라고는 예상치 못하였던 삼별초군이 저항을 벌일 사이도 없이 진도성은 함락되었고 승화 후 온과 배중손도 전사하였다. 진도를 잃고 난 삼별초군은 김통정을 지도자로 하여 제주로 본거지를 옮겨 항쟁을 계속하였다.

1272년부터 삼별초군은 다시 활동을 재개하여 본토를 공격하였다. 1273년 2월 여몽연합군 1만여 명이 제주의 삼별초군을 포위, 공격하였다. 삼별초군은 끝까지 용전분투하였으나 지도자 김방경은 산중으로 도피하였다가 죽고, 나머지도 모두 전사하거나 포로가 됨으로써 3년여에 걸친 항쟁도 종식되었다.

✦ 전쟁의 의의

삼 별초 항쟁의 역사적 의의는 다음과 같다.

첫째, 비록 무신정권의 친위세력이었을지언정 *삼별초의 대몽 저항은 민중의 열광적인 지지를 받은 민족적 항거*였다. 몽고는 가혹한 징발로 민중을 수탈하고 개경정부는 그 하수 노릇을 함으로써 정부에 대한 민중의 분노가 치솟고 있을 때 삼별초가 대몽 항쟁의 선봉에 나서자 민중들은 삼별초를 적극적으로 지지하게 됨으로써 삼별초는 반외세투쟁의 선봉자 역할을 수행하였다.

둘째, 삼별초의 항전은 고려정부가 몽고의 침략에 굴복하는 것에 대한 반발이요 *민족주체성을 끝까지 지키려는 자주정신의 발로*였다. 삼별초가 고려 정부가 멸망했음에도 불구하고 몽고에 대한 항전을 펼친 것은 참으로 감동적인 일이다. 삼별초의 항전은 몽고와 고려연합군의 막강한 군사력 앞에 실패하고 말았지만 외침에 대항하여 끝까지 포기하지 않는 저항정신을 일깨워 주었다.

셋째, *민족주체성에 입각하여 체계적으로 저항을 전개*하였다. 배중손은 야별초 노영희 등과 더불어 개경정부와 대립, 강화도에서 봉기를 일으켰다. 이로 인해 삼별초가 근거지를 진도로 옮긴 뒤, 새 정부를 세우고 11대 문종의 직계후손인 온을 황제로 받든 것은 이전 봉기들과 차별화되는 것이었다. 즉 자신들의 봉기를 단순한 항거가 아니라 외세에 굴복한 왕을 부정하고 *새로운 정부를 만들어 대안으로 보여주려는 차원까지 승화*시킨 것이었다.

▮ 역사적 평가

조선시대의 실학자인 성호 이익은 야별초가 조선시대의 포도군과 같은 것이라고 말했다. 그런데 고려시대에는 수도 치안을 맡는, 오늘날의 경찰과 같은 기구로서 금오위가 있었으며, 수도의 방위를 맡는 군대로서 오늘날의 수도방위사령부와 같은 3위도 있었다. 그러므로 야별초는 수도의 치안을 맡되 반란이나 봉기를 진압하는 일을 전담하는 특수 부대로 볼 수 있다. 오늘날로 치면 학생들의 시위나 노동자들의 파업을 진압하는 임무를 전담하면서 악명을 떨쳤던 백골단에 가깝다고 할 수도 있을 것이다.

이 밖에도 야별초는 정변 때마다 동원되는 병력이었다. 그런 의미에서는 오늘날의 공수 부대와도 비슷하다고 할 수 있다. 실제로 야별초는 강화도에서 정변에 동원되어 최씨 정권을 무너뜨리는 데에 결정적인 구실을 했다. 최씨 정권이 스스로 키운 야별초 때문에 무너졌다는 사실은 아이러니한 일이다.

▮ 연구자 평가

삼별초가 고려·몽고 연합군의 우세한 병력의 공격을 받으면서도 3년이나 버틸 수 있었던 것은 삼별초 그 자체가 매우 강력한 전투병력이기도 하지만, 그 배후에서 남도 각처의 농민들이 적극적으로 호응하였기 때문이다.

예를 들어 경상도 밀성군·청도군의 농민들이 관헌을 습격하여 폭동을 일으켰다가 1271년 1월에 진압된 사건이나, 개경의 관노들이 삼별초에 동조하여 몽고의 다루가치와 정부의 관료를 죽이고 진도로 도망갈 계획을 세웠다가 탄로되어 처형된 사건 등은 당시의 반정부·반몽고적인 민중의식의 일단을 보여주는 것이다.

결국 삼별초의 항쟁은 고려의 국왕을 앞잡이로 삼아 고려를 예속화하려던 몽고의 정책과, 고려의 예속화와 종속적 위치를 감수하면서도 자기네들의 특권적 지위를 유지하려고 했던 고려 국왕 및 그 일파의 배신적 행동에 반발, 항거한 군사들의 의거였다.

비록 실패에 그쳤지만 당시의 민중들의 동조와 지지를 얻어 압도적으로 우세한 군사력을 지닌 연합군을 상대로 3년간이나 싸우고 버틸 수 있었다는 점에 그 역사적 의의가 있다.

■ 결 론

삼 별초 대몽 항쟁 과정을 살펴보면서 우리가 배울 수 있는 교훈은 무엇일까. 무엇보다도 *삼별초의 나라 사랑하는 정신을 배워야 한다.* 개인의 일신 안위를 위해서 조국을 헌신짝처럼 버린 고려의 왕실이나 신하들과 비교하여 삼별초는 외세의 침입에 굴하지 않고 *저항을 통하여 민족자존의 의미와 진*

정한 애국심이 무엇인가를 일깨워 주었다.

당시 무신정권이 도방을 중심으로 권력을 지키기 위해 친위대·특공대·정찰대 등의 개인 신변보호 차원의 사병을 강화하고 정규군을 괄시했기 때문에 정규군에는 노인과 약골들만 남아 있었다. 이에 반해, 삼별초는 정예병사들로 구성되어 용맹과 전투력은 견줄 데 없었으며 전라도와 경상도 일대뿐만 아니라 전국 각지에서 민중들의 지지를 받았고 군사작전을 펼칠 수 있는 유일한 부대였다. 또한 정규군의 활동이 둔화되자 정규군의 임무까지 겸하여 싸웠으며, 강화도 수비는 물론 곳곳에서 중추적인 전투력으로 용맹을 떨쳤다. 또한 임전무퇴의 정신을 가르쳐주고 있다. 강화도에서 진도, 제주도로 옮겨가면서도 항복하지 않고 여·몽 연합군과 맞서 싸우는 과정을 통해 우리에게 임전무퇴 정신을 일깨워 주고 있는 것이다.

3년간에 걸친 삼별초의 끈질긴 저항은, 여·몽 연합군 1만여 명이 추자도에서 출발, 제주도를 갑자기 공격함에 더 이상 버티지 못하고 김통정이 부하와 함께 자결함으로써 평정되었지만, 외부 침략자에 대하여 굽히지 않고 싸우려는 불같은 저항의식은 우리 민족에게 큰 감명을 주었다. 이러한 *삼별초의 굳센 항전은 바로 고려인의 감투정신이요, 자주의식의 발로였으며, 고려 무인의 전통적 기개를 드러낸 것으로서 길이 간직되어야 할 자산*이라 하겠다.

중세의 전쟁

✝ 영국의 프랑스 내정 간섭에서 비롯된 100년 전쟁과 잔 다르크의 눈부신 활약

🎖 전쟁에 대한 총평가

백년전쟁은 프랑스의 샤를 4세가 죽은 후 왕위계승에 샤를 왕의 외손자인 영국의 에드워드 3세가 간섭하면서 시작되었고, 이후 무려 116년 동안 계속되었다. 영국은 1066년 노르만왕조의 성립 이후 프랑스 내부에 영토를 소유하였기 때문에 양국 사이에는 오랫동안 분쟁이 계속되어 왔다. 그러나 1328년 프랑스 샤를 4세가 후계자가 없이 사망하자, 그의 4촌인 발루아가(家)의 필리프 6세가 왕위에 올랐다.

이에 대하여 영국 왕 에드워드 3세는 그의 모친이 카페왕가 출신(샤를 4세의 누이)이라는 이유로 프랑스 왕위(王位)를 계승해야 한다고 주장하여, 양국 간에 심각한 대립을 빚게 되었다. 영국의 에드워드 3세는 프랑스 경제를 혼란에 빠뜨리기 위하여 플랑드르로부터 수입해 오던 양모(羊毛) 구입을 중단하였다. 프랑스의 필리프 6세는 이에 대한 보복으로 프랑스 내의 영국 영토인 기옌 지방의 몰수를 선언하였으며, 1337년 영국 왕 에드워드 3세는 프랑스 필리프 6세에게 공식적인 도전장을 띄우게 되었다.

중세 유럽 최대의 모직물 공업지대인 플랑드르는 프랑스 왕의 종주권(宗主權) 아래에 있었지만, 이 지역에서 생산하는 양모의 최대 공급지인 영국이 이 지방을 경제적으로 지배하고 있었다. 기옌 역시 영국 지배하에 있는 유럽 최대의 포도주 생산지였으므로, 프랑스 왕들은 항상 이 두 지방의 탈환을 바라고 있었다. 따라서 백년전쟁은 플랑드르, 기옌 지방의 쟁탈을 목표로 한 것이다.

백년전쟁은 *영국의 일방적인 승리로 진행되었으나 위기에 처한 조국 프랑스를 구하라는 신의 계시를 들은 잔 다르크의 등장으로 상황이 반전*되었다. 잔 다르크의 눈부신 활약에 힘입은 프랑스의 샤를 7세는 영국 내의 혼란을 틈타 영국군을 격파하고, 1453년에는 영국군 최대의 거점인 보르도시를 점령하였다.

이와 같은 프랑스의 승리는, 장기간에 걸친 영국군의 약탈행위 등과 같은 가혹한 지배에 반영감정(反英感情)이 고조되었으며, 보병·포병(砲兵)을 주력으로 한 프랑스 국왕군(國王軍)이 강화되었기 때문에 가능했다. 마침내 1453년 프랑스 국민들이 영국군을 쫓아내고 백년전쟁이 사실상 종료되었다.

▌ 전쟁배경과 양국전세 비교

─ 백년전쟁의 제1기

백년전쟁은 1339년 플랑드르와 북(北) 프랑스에서 양국군 사이의 사소한 다툼에서 비롯되었다. 1340년 영국 함대는 라인 강의 하구에 있는 슬로이스에서 프랑스 함대를 격파한 뒤, 1345년 영국의 에드워드 3세는 그의 맏아들인 흑태자(黑太子) 에드워드와 함께 노르망디에 상륙하였다. 이듬해 영국은 크레시전투에서 전력(戰力)이 우세한 프랑스 기사군(騎士軍)을 격파하였다.

그 뒤 양국에 페스트가 유행한 데다 양국의 재정 사정도 악화되어 한때 전쟁이 중단되기도 하였으나, 흑태자는 1355년에 다시 남프랑스를 침입하였고 1356년에 장 2세가 인솔한 프랑스군을 *푸아티에 전투*에서 격파하고 장 2세를 포로로 잡았다.

이처럼 전쟁 초기에 거둔 영국군의 일방적 승리는, 독립적 자영농민(自營農民)을 주력으로 한 보병(步兵)의 장궁대 전법(戰法)이 프랑스의 봉건 기사군의 전법에 비해 우수하였기 때문이었다.

또한 영국이 처음으로 선보인 석궁은 프랑스군 기사들의 갑옷을 뚫을 정도로 강력한 것이어서 기사를 이용한 돌격전에 익숙한 프랑스군을 당황하게 했으며 한동안 영국의 우세를 유지시켜 주었다.

- 백년전쟁의 제2기

1364년 프랑스에서는 샤를 5세가 즉위하자 내정(內政)의 정비와 재정(財政)의 재건에 착수하였으며, 아키텐의 귀족들을 선동, 영국의 지배에 반항하게 하여 양국 사이에 전쟁이 재개되었다.

그 뒤 1377년 영국에서는 리처드 2세가, 프랑스에서는 1380년 샤를 6세가 왕위에 올랐으나 두 왕 모두 미성년(未成年)이었으며, 특히 영국에서는 1381년 와트 타일러의 난이 일어난 데다, 귀족의 반항까지 겹치는 등 내분에 휩싸여, 두 나라 사이의 전쟁은 오랫동안 중단되었다.

1399년 영국에서는 리처드 왕이 폐위되고 헨리 4세가 왕위에 올라 프랑스에 대한 전쟁을 재개하였다.

- 백년전쟁의 제3기

1413년 헨리 4세의 뒤를 이어 영국 왕으로 즉위한 헨리 5세는 프랑스의 내분(內紛)을 이용하여 부르고뉴파와 결탁하고, 1415년 맹렬한 기세로 노르망디를 진공(進攻), *아쟁쿠르 전투*에서 압도적으로 우세한 프랑스군을 대패시켜 북프랑스의 여러 도시를 탈취하였다.

이와 같이 *프랑스에 불리한 전황을 승전(勝戰)으로 전환할 수 있었던 것은 잔 다르크의 출현 때문*이었다. 그녀는 승리를 위한 일념으로 적은 병력으로 오를레앙의 영국군을 격파하였다. 특히 잔 다르크가 항상 선두에 서서 진두지휘하여 프랑스 군사들에게 용기를 불어넣어 줌으로써 전승이 가능할 수 있었다.

◼ 전쟁의 승패요인 분석

첫째, ***오랜 역사 속의 두 나라 사이의 갈등이 결국 전쟁을 불러일으킨 원인***이었다. 프랑스의 정복왕 윌리엄(프랑스 명 기욤)이 영국을 정복한 후로 두 나라 사이의 갈등이 심해져 오고 있었던 와중에, 프랑스의 왕위 계승에 영국 왕실이 개입하면서 이에 반발한 프랑스의 저항으로 전쟁이 발발하게 되었다. 서로 자국에서의 영향력과 상대방의 왕권에 영향력을 행사하려 한 것이 100년여에 걸친 기나긴 전쟁의 시작이었다.

둘째, 영국의 공격에 계속해서 밀리고 6개월 동안 외부의 지원을 받지 못하여 굶주림에 지쳐있던 ***프랑스군이 잔 다르크의 등장으로 전세를 역전시켰다는 사실이 경이롭다.*** 농촌 출신의 소녀 잔 다르크는 위기에 처한 조국 프랑스를 구하라는 성령의 부름을 받아 프랑스군을 이끌고 영국군을 오를레앙 성 밖으로 쫓아버렸다. 계속해서 영국군에 밀리던 프랑스가 '성령의 부름'이라는 잔 다르크의 등장으로 큰 힘을 발휘하여 전쟁에서 승리하는 것을 보면서 몸을 던진 살신성인에서 비롯된 사기의 중요성을 새삼 느낄 수 있다. 백년전쟁은 사기와 같은 심리적 요인이 승패에 지대한 영향을 끼친다는 것을 일깨워 준 전쟁이었다.

셋째, *국민의 단결심이 전쟁 승패에 결정적인 요인으로 작용함*을 알 수 있다. 프랑스 백년전쟁 영웅 잔 다르크는 결국 영국군에 사로잡혀, 마녀로 몰리고 종교재판을 받아 화형에 처해진다. 이러한 사실을 뒤늦게 알게 된 프랑스 국민들은 비분강개하여 일치단결하여 그토록 강한 적으로 느꼈던 영국군을 단숨에 물리치고 영국이 다시는 프랑스를 넘보지 못하게 만들었다. 이러한 사실을 통해 국민으로부터 두터운 신뢰와 지지를 받는 단합된 부대는 반드시 승리한다는 것을 알 수 있다.

▌ 역사적 평가 및 결론

백년전쟁의 결과, 영국과 프랑스 모두 *봉건기사의 세력이 무너지고 농민해방(農民解放)의 진전, 부르주아 계급의 대두, 왕권의 확대 등이 초래*되었다.

영국과 프랑스 누구의 승리라고 확언할 수 없는 100년 전쟁이지만, 세 가지 전쟁의 예에서 알 수 있듯이, 무력의 우위만으로 전쟁에서 승리하는 것이 아님을 살펴볼 수 있었다. 잔 다르크가 등장하기 전에는 병력, 무장 면에서 열세에 있던 영국군이 프랑스와의 싸움에서 승리하였다.

즉 크레시 전투에서는 수적으로 우세한 프랑스가 영국의 전술에 의해 패배하였고, 푸아티에 전투에서는 중무장한 프랑스가 열세인 영국에게 패배하였다. 아쟁쿠르 전투에서는 6천 명의 영국의 궁노수(弓弩手)가 공격하여 기병들을 말에서 떨어뜨리고 보병이 돌격함으로써 2만여 명으로 수적 우위에 있던 프랑스를 격파하였다. 이처럼 프랑스가 무장력이나 수적으로 우위에 있으면서도 패전을 거듭하였으나, 성령의 부름을 받은 잔 다르크의 등장 이후에는 사기진작과 전투의지 고양에 의한 정신력이 강화되어 영국과의 전쟁에 있어 승리를 할 수 있었다. 특히 잔 다르크가 영국군에 잡혀 화형에 처해지자 애도해하던 프랑스 국민들은 대동단결하여 영국군을 물리쳤다. 이를 통해 우리가 알 수 있는 것은 병력규모나 무기의 최신화뿐만 아니라, 국민 의지를 한곳에 결집시키는 응집력(잔 다르크는 성령의 부름을 받았다는 사실)이 전쟁 승패에 커다란 역할을 수행한다는 것을 알 수 있다.

> 항공력은 적의 군사행동을 마비시키거나 적이 우리가 공격 시 필요로 하는 것보다 훨씬 많은 자원을 부담해서 기지 및 연락, 수송기관의 방어에 전념할 수밖에 없도록 강요한다.
> ― 처칠 ―

✝ 종교적 신념하에 생과 사를 초월할 수 있었던 십자군 전쟁

🔳 전쟁에 대한 총평가

십 자군 전쟁은 종교전쟁으로 *"펜이 칼보다 강하고, 펜 위에 신앙이 있음"*을 보여주었다. 이교도인 이슬람의 종교적 침탈에 대항하여 국적과 신분, 연령을 불문하고 생과 사를 초월하여 *기독교를 지키려는 십자군의 저력*을 보여주었다.

이슬람의 새로운 지도자 셀주크튀르크가 성지 예루살렘을 찾는 순례자들을 박해한 것에 대해 기독교 중심의 유럽 사람들은 충격과 분노를 느끼고 있었다.

이에 1095년 11월 프랑스 중부 작은 마을 클레르몽에서 열린 종교회의에서 교황 우르바누스 2세는 성지회복을 위한 십자군 원정을 결의하고 다음과 같은 발표를 했다. "페르시아 지방으로부터 무력 침입해 온 이슬람의 사라센인들이 기독교인을 추방하고 약탈을 자행하며, 신성한 교회를 부수고 신앙을 유린하고 있습니다. 악을 물리치고 그 땅을 회복하는 것은 우리의 의무입니다." 교황의 연설에 의해 전 유럽의 국가들은 예루살렘을 이교도로부터 탈환하려는 십자군 원정군 모집에 적극 참여하였고 이후 200여 년에 걸친 십자군 전쟁이 시작되었다.

십자군 전쟁에는 농민, 상인, 기사 등의 다양한 사람들이 십자군의 이름 아래 참전하였다. 기독교 성직자들은 이슬람교도들의 잔인한 박해상을 사람들에게 알림으로써 많은 사람들을 참전시키고자 하였고 십자군은 이교도들에 대한 적개심과 새로운 땅을 찾아 개척하려는 경제적인 동기가 조합되어 원정을 개시하였다.

십자군 전쟁은 1096년부터 약 200년에 걸쳐 서유럽의 기독교인들과 사라센(유럽인들이 이슬람교도를 칭하는 말) 간에 벌어진 전쟁으로, 참가 국가들이 참여하여 *오랜 기간 동안 벌어진 역사상 최대의 종교 전쟁*이었다. 십자군 전쟁이 인류사에 미친 영향은 큰 것이었다. 하지만 십자군 전쟁은 특정 군사적 영웅 주도로 수행된 것도 아니었고, 기존의 케케묵은 낡은 전술에 의해 진행되었으며, 무엇보다 *전쟁 목적 자체가 변질돼 전쟁의 당위성을 상실하여 전쟁사적으로는 의미가 미미한 편*이라 할 수 있다.

▉ 전쟁배경과 양국 진영 전세 비교

제 1차 십자군 전쟁은, 1096년 비잔틴 황제 알렉시우스가 이슬람교도의 튀르크족에게 빼앗긴 소아시아의 영토를 되찾기 위한 목적으로 군사를 일으키면서 교황에게 서유럽의 지원군을 요청하자 교황이 예루살렘을 이슬람의 수중에서 탈환하고 교회의 권위를 세우려 10만 명에 이르는 지원군을 파견하게 됨으로써 일어났다.

교황은 십자군 참가자 전원에게 교회에서 부과하는 고해를 면제해 주겠다고 약속하고, 성직자들은 대사(大赦)를 약속하였다. 성직자들은 십자군 전쟁 참가자 전원에게 내세에서 연옥의 형벌이 완전히 면제되며, 십자군 전쟁 참가 도중 사망할 경우 영혼이 곧장 천국으로 갈 수 있다고 설파하여 수많은 군중이 쇄도하였다.

제1차 십자군 전쟁의 지휘관은 모두 프랑스 귀족이었으나 병사들은 대부분 종교적 이유로 참여한 일반 시민으로 신앙심은 깊었으나 전혀 훈련을 받지 못한 상태였다. 많은 역경에도 불구하고 제1차 십자군은 1098년 6월 안티오크(시리아의 라타키아)를 함락하고, 나아가 시리아를 정복했으며 1099년에는 마침내 예루살렘을 탈환했다. 제1차 십자군 전쟁의 성공은 로마교황의 권위를 높여 주었다. 그들이 성공할 수 있었던 것은 때마침 무슬림 세력이 내부적으로 분열돼 있었던 데다 무슬림들이 기괴하고 야만적인 서유럽인의 모습을 처음 대하고는 크게 놀라 겁을 먹었기 때문이다. 하지만 제1차 십자군은 주로 농민들로서 먹을 것을 준비하지 않았기 때문에 가는 곳마다 약탈과 방화, 살상을 하여서 그들이 지나간 자리엔 절망과 황폐화뿐이었으며 심지어 십자군들은 서로 헐뜯으며 그리스도교들을 죽이기까지 하였다. 이슬람 역사책 기록에 의하면, 7만 명 이상이 죽었고 예루살렘의 이슬람 예배당(모스크) 안에 있던 보화를 모두 약탈당했다고 한다. 이후 몇십 년간은 십자군이 세운 예루살렘 왕국이 유지되었다.

1차 원정의 성공에도 불구하고 십자군 전쟁의 양상은 1174년 이슬람의 위대한 지도자 살라딘이 이집트·시리아의 왕이 되면서 바뀌었다. 그는 전략·전술을 구사할 줄 알았고 군대를 이해했으며 더욱이 현지의 기후·지형에 익숙한 뛰어난 지휘관이었다.

1187년 7월 예루살렘의 왕 기드 뤼지냥은 1만 3200여 명의 십자군을 이끌고 살라딘군을 격퇴하기 위해 진출하였으나 살라딘군에게 참패하여 대부분의 십자군 전사들이 살육당하고 말았다.

1189년 이를 회복하고자 십자군은 독일 황제 바바로사, 프랑스의 필리프 존엄왕, 잉글랜드의 리처드 사자왕 등이 출정한 제3차 십자군 원정을 단행한다. 그러나 그리스도교 국가들 가운데 경쟁관계에 있던 프랑스와 잉글랜드의 왕들 사이에 내분이 일어남으로써 십자군은 믹깅한 대군임에도 불구하고 원정은 성공을 거둘 수 없었다.

제4·5차 원정은, 십자군 정신인 성스러운 전쟁 수행의 의미는 실종된 채 베네치아 상인들의 반발과 전쟁 중 획득한 재화배

분문제로 더 심한 타락상을 보이면서, 역시 실패로 끝났다. 이처럼 200년 동안 8번 이상의 십자군 출병이 있는 동안 십자군 본래의 정신은 사라져 버렸다. 1228년 제6차 십자군 원정은 프리드리히 2세에 의해 주도되었는데 이때는 군사작전에 의한 것이라기보다 외교적 협상을 통해 예루살렘을 확보할 수 있었다. 그러나 1244년에 예루살렘은 이슬람 세력에게 다시 함락돼 1917년까지 그리스도교도들이 탈환하지 못했다. 전쟁이 장기화되면서 십자군은 그 세력과 정신을 서서히 잃어 갔으며, 1244년 이후 700년 가까이 예루살렘은 이슬람교도들의 세력 아래 있었다.

▌ 전쟁의 승패요인 분석

서두에 언급했듯이 십자군 전쟁은 이슬람교도인 튀르크인들의 기독교에 대한 종교적 박해에 대한 저항, 새로운 땅의 개척, 신앙의 열정 등의 이유로 이슬람군과 십자군이 서로 몇 차례의 승패를 주고받으며 200년 동안 계속되었다. 이 전쟁이 교훈적으로 시사하는 바는 다음과 같다.

첫째, 전 유럽이 이슬람교도의 종교적 탄압에 저항하여 *교회의 지휘 아래 「십자군」이라는 이름으로 뭉칠 수 있는 저력*을 보여 주었다. 유럽의 각지에서 교황(우르바누스 2세)의 설득에 의해 감동을 받은 3,000명의 성직자들이 각국으로 돌아가 1차 십자군 원정을 성스러운 전쟁이라고 외침으로써 이들을 추종하던 수많은 농민들도 가슴과 방패에 십자가를 붙이고 성지 예루살렘을 회복하기 위해 몰려들었다. 이들은 비록 국적은 서로 달랐지만 종교라는 무형전력의 힘으로 굳게 뭉칠 수 있음을 보여주었다.

둘째, **종교전쟁은 끊임없는 전쟁**이라는 것을 일깨워 주었다. 정복자의 야욕에 의한 전쟁은 비교적 짧은 기간으로 매듭짓게 되지만, 십자군 전쟁은 200년 동안 8차례에 걸쳐 출정하여 승패를 주고받으면서도 결말 없이 계속되었음을 통하여 그만큼 종교적인 결속력이 대단함을 보여주었다.

셋째, 십자군 전쟁의 **시작은 종교적 갈등에서 시작되었지만 화해는 적장에 대한 인간적인 배려 같은 심인성에 기인한다는 것**을 알 수 있다. 예루살렘을 지키려는 이슬람교도들과 이를 빼앗으려는 영국 십자군의 싸움이 치열했는데, 도중에 영국 리처드 왕이 중병에 걸려 있을 때 이슬람의 살라딘 왕이 얼음을 보내와 병을 고쳐주었다. 이후 두 왕들은 서로 휴전을 제의하고 서로의 요구사항에 대해 양보하는 선에서 일시적인 종전을 맞이할 수 있었다.

넷째, **십자군 전쟁의 파급효과는 엄청나며, 신앙의 자유는 생사(生死)를 초월**한다는 것을 일깨워 주었다. 십자군 원정(1095 - 1270)으로 동방무역과 교동이 발달히였으며, 이탈리아 북부를 중심으로 한 자유도시와 상업이 발달하였다. 또한 동방의 비잔틴 문화와 회교문화가 유럽으로 들어와 경제·문화 전반에 걸쳐 영향을 끼쳤다. 아울러 독일, 프랑스, 영국 왕들의 참전을 비롯하여 유럽 각지의 농민들, 소년 십자군 원정단 등 다양한 계층이 자신이 지은 죄를 속죄한다는 명분으로 전쟁에 참전하였는데, 이를 통해 신앙을 전력화하는 것이 얼마나 커다란 힘을 발휘할 수 있는지를 알 수 있다.

또한 십자군 원정에서 보여준 *십자군과 이슬람군과의 무기와 전술의 차이도 전쟁양상의 변화에 큰 역할을 차지*하였다. 원정군인 십자군이 무거운 갑옷으로 무장한 중기병 위주였던 반면에 이슬람군의 주력은 경기병으로서 십자군보다 가볍게 무장한 대신에 신속한 기동성을 자랑하며 십자군을 괴롭혔다. 게다가 원정군이었던 십자군은 지형과 기후에도 익숙지 않아 지형을 잘 활용하고 신속하게 움직이는 이슬람군을 상대하는 데 많은 어려움을 겪었다.

■ 역사적 평가

십자군운동은 우선 유럽에서 교황권의 후퇴, 국왕 권력의 강화와 중앙집권화, 도시와 상업의 발달, 이슬람문화와의 접촉에 의한 문화의 발달 등 각 분야에 다양한 영향을 끼쳤다.

우선 십자군 원정의 긍정적인 측면은 수백 년 동안 서유럽인들이 이슬람 세력에 밀려 수세에 놓여 있었으나 십자군 원정을 통해 자신감을 고취하고 시야를 넓혔다는 점과, 지중해를 새로운 무역의 활동 무대로 개척했다는 점이다.

▲ 의문점 해소

거의 모든 기독교인들이 십자군이 되겠다는 맹세를 했다. 십자군이 되지 않으면 교회와 신이 내릴 처벌에 대한 두려움으로 인하여 사람들은 십자군 원정에 나가고 싶지 않았을지라도 맹세를 해야만 했다. 조나단 릴레이 - 스미스의 『십자군은 누구인가?』(1977)를 통해 알 수 있듯이 십자군에 참여한 사람들은 대부분 가난한 사람들로서 주로 서기, 대장장이, 가죽 벗기는 사람, 옹기장이, 푸줏간 장이, 포도주 상인들이었다. 이와 같이 1차 십자군 전쟁에 참여한 계층이 농민 등 서민 계층이었다는 것을 통하여 일반 서민이 신이 내릴 처벌이 두려워 전쟁에 참가했음을 알 수 있다.

1095년에 교황 우르반 2세는 프랑스의 클레르몽에 모인 사람들에게 십자군에 참여하라고 호소했다. 왜 교황은 십자군을 선언했는가? 그리고 사람들은 왜 이에 열렬히 호응하였는가?

1차 십자군은 성지를 이슬람 치하에서 해방시키는 성전으로 여겨졌으며, 유럽의 지도자들은 영토의 확장을, 평민들은 원정에서 공을 세워 신분의 상승을, 이태리 싱인들은 봉쇄된 동방무역을 재개하여 시장의 확장을 기대하는 등 *십자군 전쟁에는 종교, 권력, 경제 등 다양한 계층의 다양한 동기가 내재해 있었다.*

결 론

십자군 전쟁은 11세기 말에서 13세기 말 사이에 서유럽의 그리스도교도들이 성지 팔레스티나와 성도 예루살렘을 이슬람교도들로부터 탈환하기 위해 8회에 걸쳐 감행한 대원정으로 이에 참가한 기사들이 가슴과 어깨에 십자가 표시를 한 것에서 그 명칭이 유래되었다. 십자군에게서 종교적 요인을 강하게 느끼게 되는 것은 그리스도교도와 이슬람교도와의 싸움이었기 때문이다. 그러나 이를 간단히 종교전쟁이라고 성격 짓기는 다소 어렵다. 봉건영주, 특히 하급 기사들은 새로운 영토지배의 야망에서, 상인들은 경제적 이익에 대한 욕망에서, 또한 농민들은 봉건사회의 중압으로부터 벗어나려는 희망에서 저마다 원정에 가담하였기 때문이다.

우리가 *십자군 전쟁에 있어서 가장 관심을 가져야 할 부분은 신앙과 같은 '신념과 믿음의 전력화'*이다. 확고한 신앙을 가진 사람들은 전쟁에서 절대 물러서지 않는다는 말이 있듯이, 십자군 전쟁을 통해 이교도들의 종교적 침탈로부터 벗어나기 위해서는 국적도 초월하고 직업과 직위도 초월, 연령도 초월할 수 있는 대단한 힘이 발휘될 수 있음을 보여주고 있다.

왜적에 대해 위대한 저항정신을 표로한 임진왜란

◢ 전쟁에 대한 총평가

임진왜란(1592~98)은 일본의 침략으로 시작되어 조선왕조 모든 분야의 기초를 흔들어 놓았던 가장 파멸적인 전쟁이었다. 동시에 우리나라 전 민족이 일치단결하여 강인한 민족적 투지와 슬기로써 침략군을 몰아내고 국난을 극복한 전란이었으며, 이 전쟁을 통해 **왜적에 대해 위대한 저항정신의 전통을 다시 한 번 선양**하였다.

왜적은 선조 25년 4월 13일 육군 15만(해군 9천여 명)의 병력으로 부산포에 상륙한 후 부산진과 동래에서 완강한 저항을 받았으나 파죽지세로 북진하여 20일 만에 조선의 수도 한양에 입성하고 40여 일 만에 평양을 점령하였다. 이러한 결과는 임란 직전 조선 정부의 허술한 군비 상황이 초래한 것이었다.

그러나 임진년 4월 하순부터 삼남 각지에서 봉기한 의병의 활동으로 적 전선의 후방이 교란되었으며, 이순신 장군의 해상전 연전연승으로 왜군 보급로를 차단하였고, 왜군은 육해군 합동작전의 실패로 평양 이상의 북진을 포기할 수밖에 없었다. 임진년 6월 하순부터 전세는 소강상태에 들어갔으며 우리 정부의 외교활동의 결과로 명군을 지원받아 평양성을 탈환하였다(1593. 1.). 왜군은 영남의 동서해안으로 철수하였고(1593. 4.), 왜장 고니시 유키나가 의 제의에 의해 화의교섭에 들어갔으며 정유재란이 발생하기 전까지 3년간 계속되었다(1597).

■ 전쟁배경과 양국전세 비교

1 592년 4월 13일에 왜군 약 20만 명이 부산포에 침입했다. 부산진 첨사 정발이 황급히 저항했으나 대군을 막기에는 역부족이었다(부산진싸움). 곧 이어 왜군은 동래성으로 들이닥쳤고, 동래부사 송상현이 군민을 이끌고 분투했으나 역시 패했다(동래싸움). 동래성을 함락한 후 왜군은 세 길로 나누어 빠르게 북상했다. 고니시 유키나가가 이끄는 부대는 양산, 밀양, 대구 방면으로, 가토 기요마사가 이끄는 부대는 울산, 경주 방면으로 구로다 나가마사의 부대는 김해, 성주, 추풍령을 거쳐 각각 진격했다. 최초로 왜군의 기습을 받았던 경상좌도지역은 정발과 송상현이 패한 후 관찰사 김수를 비롯한 대부분의 지방관들이 전투를

회피해 순식간에 왜군에게 유린되었다. 이 때문에 왜군은 별다른 저항을 받지 않고 신속히 북상할 수 있었다. 왜군의 침략 소식을 접한 정부는 이일을 순변사로 삼아 상주로 내려 보내고 신립을 도순변사로 삼아 왜군이 충주 이북으로 북상하는 것을 저지하게 했다. 그러나 이일은 군병을 모을 수 없어서 단신으로 떠났다. 상주에서 도망병과 농민을 끌어 모아 부대를 꾸렸지만, 그나마 경계와 척후를 소홀히 하다가 왜군의 기습을 받아 궤멸했다. 신립은 여진족을 물리치는 데 공을 세운 장수로 명성이 높았지만, 충주로 내려간 뒤 너무 가혹하게 군법을 휘둘러 지방관과 병사들의 인심을 잃었다. 또한 조령에 척후병을 세워 경계해야 한다는 김여물의 건의를 무시하는 실수를 저질렀다. 결국 조령을 통과한 왜군과 충주의 탄금대에서 배수진을 치고 결전을 벌였으나, 끝내 대패하고 신립은 투신자살했다.

신립의 패전 소식에 정부는 경악했고 한양의 민심은 크게 동요했다. 이에 선조는 한양을 떠나 북쪽으로 피난하기로 결정했다. 훗날을 기약할 수 없는 상황에서 둘째 아들인 광해군을 왕세자로 결정하여 국사의 일부를 나누어 맡게 하고, 근왕병의 모집과 민심의 수습에 힘쓰도록 했다. 그리고 왜군이 함경도까지 밀고 오자 조선 정부는 명나라에 구원을 청하였다.

전쟁 초기에 관군이 형편없이 무너진 상황에서 반격의 실마리를 마련한 것은 각지에서 일어난 의병들의 저항과 이순신이 이끄는 수군의 승리, 그리고 명 원군의 지원이었다. 의병은 농민이 주축을 이루었으나, 그들을 조직하고 지도한 것은 대개 지방의 사림과 전직 관리들이었다. 이들은 향촌에서 자신들의 경제 기반과 영향력을 이용해 짧은 시간 안에 많은 병력을 모을 수 있었다. 의병은 향토의 지리와 사정에 밝은 점을 활용해 유격 전술 등을 구사하여 왜군의 진격과 보급로를 차단하는 데 크게 기여했다. 경상도의 곽재우·정인홍·김면, 충청도의 조헌, 전라도의 고경명, 함경도의 정문부, 황해도의 이점암, 승려 출신의 휴정 등이 싸웠다. 충청도에서 의병을 일으킨 조헌과 700여 명의 의병들은 금산에서 왜군의 대병력에 맞서 싸우다가, 장렬하게 최후를 맞이하였다.

의병의 활약과 더불어 이순신의 해전 승리는 전황을 바꾸었다. 본래 왜군의 전략은 육군의 북상에 보조를 맞추어 수군이 황해 쪽으로 진출하여 군수물자를 보급하면서 평안도 지역까지 진출하려는 수륙병진작전이었다. 하지만 이러한 계획은 이순신이 거느린 조선 수군에 의해 좌절되었다. 이순신은 9월 사이에 옥포·당포·당항포·한산도·부산 등의 해전에서 잇달아 승리하여 서해권을 완전히 장악했다.

명군의 참전도 전세를 역전하는 데 기여했다. 전쟁 초기에 명나라는 조선이 왜군의 침입을 받았다는 보고를 믿지 않았고, 오히려 일본과 조선이 힘을 합쳐 요동지방을 친다는 유언비어가 떠돌고 있었다. 그래서 명의 조정에서는 피난 온 선조가 진짜 조선의 왕인가를 사신을 보내어 확인한 후에 원병 5만 명을 파견했다. 이여송이 이끄는 명군은 조선군과 합세하여 평양성을 탈환했는데, 이때 명군의 화포가 대단한 위력을 발휘했다. 그러나 명군은 한양 쪽으로 패주하는 일본군을 얕보고 무리한 공격을 감행하다가 일본군에게 대패를 했다. 한편, 한양에 집결한 왜군은 배후의 위협을 제거하고자 행주산성에 대한 총공격을 감행했다. 그러나 권율이 지휘하는 관군과 백성들이 힘껏 싸워 왜군을 물리쳤다(행주대첩). 결국 해전에서 잇달아 패하고 의병 활동과 명군의 참전으로 기세가 꺾인 왜군은 휴전을 제의하고 명과 휴전회담을 가졌으나 조율에 실패하였다.

일본은 1597년에 15만 대군을 동원하여 조선에 다시 침입했다. 당시는 조선도 훈련도감을 설치하여 삼수병을 양성하고 속오군을 정비하는 등 전투태세를 갖추어서 일방적으로 밀리지 않았다. 왜군은 해전에서 이순신이 파면된 틈을 타 승리했지만 이후 조선·명나라 연합군에 의해 밀리게 되었다. 왜군은 8월에 남원싸움에서 승리하여 기세를 올렸지만 9월 직산싸움에서 명군에게 패하고 명량해전에서 이순신에게 패한 후 본국으로 철수하기 시작하였다. 조명 수군 연합군이 이를 쫓아내는 도중에 이순신은 적탄에 맞아 전사하고 일본은 500여 척 중에서 50척만 살아 나갔다.

▜ 전쟁의 승패요인 분석

임진왜란에서 우리는 왜군에 어떻게 하여 침략을 당하였고, 또 고전을 면치 못하였는가, 위기를 극복하기 위해 어떠한 민족저력을 발휘했는가에 대해 설명하자면 다음과 같다.

*임란 직전 조선의 허술한 군비 상황*은 당시 군정개혁을 제창했던 선각자 율곡 이이의 만언봉사(선조 14년 5월)를 비롯한 여러 상소문에 더욱 구체적으로 나타나 있다. 그릇됐던 우리의 과거를 반성하는 의미에서 당시의 군비 상황을 나열하면 다음과 같다. 「만언봉사」에 의하면

첫째로 *병사·수사·지휘관 등의 군 지휘관 녹봉이 제대로 지급되지 않고 있었다.* 그 결과 지휘관은 그들의 생계비와 기타 비용을 소관군졸들을 속여 빼앗는 현상이 일어났고, 지휘관 인선 시장의 가격이 얼마며 관은 그 가격이 얼마라고 하는 말이 공공연히 나돌 정도로 군직이 능력보다 금전매매의 대상으로까지 타락했던 것이다.

둘째로 *군인명부가 부실하게 적혀 있었다.* 군적 인원과 실제와의 차이를 메우기에 급급하여 생산 없는 걸인의 이름까지 군적에 있었다.

셋째로 *군기의 준비상태가 아주 소홀*하였다. 선조 원년에, 중종 말부터 명종 조까지 실시되었다가 중단되었던, 감군어사제를

부활하여 군기의 충실과 부실을 점검케 하였는데 수령들은 군기의 충실에 힘쓰기보다 당장의 허위를 은폐키 위하여 군기고의 단장을 성히 하고 장식에 힘쓰는 풍조가 팽배하였다 한다.

넷째로 **군사지휘권은 무반이 아니라 문반의 지방수령이 행사**하였다. 전시에도 무신은 방어사나 조방장 정도에 그치고 사령관격인 도원사 부도원사는 문신이었다. 이러한 무인멸시 상황 아래서 무신의 사기는 저하되어 있었고 또 군령도 세울 수가 없었던 것이다.

이와 같은 상태에서 조선의 전쟁을 위한 수군·육군 준비는 유명무실한 것이 되었고, 실제 군대의 수가 어느 정도인지도 알 수 없는 형편이었다. 그러므로 이이는 군정의 개혁과 십만양병설을 제시하는 등 유비무환을 부르짖었으나, 그나마 당쟁으로 인하여 받아들여지지 않았다. 따라서 왜적이 침입하자 크게 낭패를 당하지 않을 수 없었던 것이다.

그러나 우리 민족은 결국에 가서 임란을 극복하고 승리를 쟁취하였으니 이것은 곧 백성들의 힘, 즉 의병의 용전과 우리 민족의 성웅 이순신 장군의 해상에서의 연승에 힘입은 결과였다. 전자는 *우리 민족의 빛나는 전통적 호국정신의 발현이요, 후자는 우리 민족의 군사전통에 있어서 가장 찬란한 승리*라 하겠다.

❶ 역사적/연구자 평가

임진·정유재란의 전후 7년 전쟁을 통괄해 볼 때 왜적은 수년간에 수십만의 인명과 막대한 물자를 동원하였지만 명분 없는 싸움에 철수하였다. 임란의 총결산은 결코 우리의 패배가 아니라, 왜군 측이 침략한 목적을 전혀 달성하지 못한 전쟁이었다. 임란을 통해 우리가 뼈저리게 얻은 교훈은 다음과 같다. 7년에 걸친 대국난이었고 초기에 조선은 그와 같이 무참히 패했으며 또 그것을 극복한 데서 임란은 우리에게 반성과 재음미를 요구하는 바가 크다고 하겠다. 임란을 초기에 방어치 못함으로써 대부분의 국토를 7년간이나 전쟁터로 만든 이유로서 우리는 먼저 당시 위정자들의 무능과 부패, 그리고 당쟁으로 인한 국난의 무방비상태, 백성에 대한 착취로 인한 민심이반을 들지 않을 수 없다. 그러나 전국각지에서 의병활동을 전개하였고 호국 영웅 이순신의 살신성인의 자세로 전란에 임하여 23전 23승의 신화를 창조함으로써 전란의 위기를 극복할 수 있었다. 그럼에도 임란이 남긴 상흔이 적지 않았다.

왜군은 철수할 때 많은 사람들을 살상하여 한양이 수복된 후 도성 안에는 시체 썩는 냄새가 가득하였으며, 왜군에게 잡혀간 부녀자, 어린 아이들은 노비가 되었다. 경제적인 피해도 막대하였다. 농토가 황폐해져 국가 재정을 극도로 악화시켰고 호적이 거의 없어져 행정이 마비상태에 빠지게 되었다. 왜란이 끝난 후

50년 뒤인 광해군 때에도 인구가 150만 명, 토지가 50여만 결에 그칠 정도였다. 왜란 직전의 경지면적이 170만 결이었던 점을 감안한다면 경제적 피해의 규모를 쉽게 상상할 수 있다. 또한 경복궁과 불국사 같은 귀중한 문화재가 소실되고 사고와 서적이 불타거나 파괴되었다.

임진왜란을 통하여 일본은 고대문화의 일본 전파 이래 단시일에 최대로 한국 문화를 수입하여 일본 중세문화 발전의 발판을 마련하였는데, 이때 가져간 『퇴계집』 등의 서책과 왜란 중 강제로 끌려간 성리학자에 의해 일본 성리학이 발전하는 계기를 마련하였다. 또한 농민 포로, 납치된 도공에 의한 농업과 도예의 발전이 이루어지고, 활자의 유입으로 인쇄술도 발전하는 등 일본은 전란을 통하여 이른바 도쿠가와 시대 중세문화의 토대가 마련되었다.

♞ 결 론

임진왜란에 대한 자료를 정리해 보면서 아쉬웠던 것은 율곡 선생의 10만양병설이 받아들여지지 않았다는 점이다. 만일 받아들여졌다면 민족 전란을 조기에 극복하였을 테고 어쩌면 임진왜란의 발생을 조기에 차단했을 수도 있었을 것이다. 7년간의 전쟁으로 많은 피해를 입었지만 결과적으로는 국난을 극복하였고, 민족의 생존과 문화를 보존할 수 있었으며, 임란 승리의 가장 큰 요인은 *국민의 단결된 힘*이었다고 생각한다. 신분의 귀천이나 노소를 막론하고 오랑캐를 물리쳐야 한다는 자발적인 전투 의식은 의병활동 등으로 나타났으며, 전쟁 초기에는 왜적의 조총에 밀렸으나, 차츰 대포나 거북선 같은 함선 제조 기술에서부터 왜적을 능가하였으며, 전 국민적 차원에서 지지함으로써 국난을 극복할 수 있었다.

결론적으로 *임진왜란이 우리에게 주는 의미는 '유비무환'이라는 네 글자*이다. 예상되는 전쟁에 대비해서 군대를 양성, 교육·훈련에 소홀히 하지 않았다면 임진왜란을 사전에 막을 수 있었을 것이다. 율곡 이이의 '만언봉사'에 의하면 군 지휘관의 녹봉이 지급되지 않고, 심지어 군인명부도 부실하게 적혀 있으며 군기도 제대로 서 있지 않은 상태였다고 하니, 그야말로 무방비 상태에서 임란을 맞이하게 된 것임을 알 수 있다. 이러한 허술한 군비 상태가 왜군을 20일 만의 수도 한양 입성, 40일 만의 평양 점령을 가능하게 한 것으로 보인다. 의병활동과 성웅 이순신의 활약으로 이러한 극난을 극복할 수 있었지만 두 번 다시 이러한 전철을 밟지 않기 위해서는 *평소에 유비무환의 대비책을 철저하게 강구해야 할 것*이다.

> 공군의 융통성은 공군의 주된 특성 중의 하나이다. 공군은 중앙집권적 통제가 가능하며, 이 융통성은 공군에게 그 어떤 전쟁 형태에서도 볼 수 없는 막강한 전력의 집중을 가져온다.
> ― 테데 ―

✝ 유럽을 중세에서 근대로 접어들게 한 30년 종교전쟁

🐔 전쟁에 대한 총평가

닭의 목을 비틀어도 새벽이 온다는 말이 있듯이 부패된 구교에서 벗어나 종교의 자유를 갈망하는 신교도들의 열정을 그 누가 막을 수 있으랴.

*30년 전쟁은 외형적으로 17세기 독일에서 벌어져 전 유럽을 소용돌이에 휘말리게 만든 종교전쟁*이었다. 표면적으로는 전 유럽이 신교냐 구교냐로 나뉘어 전쟁을 치르게 되었다. 한편 내부적으로는 *유럽대륙의 기득권을 지키려는 세력과 새로이 세력을 잡으려는 신흥세력 간의 대립*이 있었다. 이 전쟁의 결과에 의해 구교 세력인 기존의 에스파냐와 포르투갈, 오스트리아와 같은 강대국들이 쇠퇴하였고 신성로마제국이 붕괴되는 등 유럽의 세력구도에 급격한 변화가 있었다. 이러한 30년 전쟁의 결과 유럽은

중세시대를 지나 근대로 접어들게 되었다.

또한 스웨덴의 구스타브 아돌프는 군대를 최초로 현대화하고 조직을 정비하고 훈련체계를 새로 만드는 데 큰 공을 세워 전쟁사에 길이 남을 업적을 세우기도 했다. 30년 전쟁을 통하여 군대 조직 역시 현대화의 길로 접어들었던 것이다.

📖 전쟁배경과 전개

당시 유럽은 오랜 역사를 지닌 가톨릭의 문제점을 강하게 비판하는 신교와 기존 가톨릭 세력 간의 갈등이 극에 달해 있었고 유럽 열강들의 세력 다툼은 그 어느 때보다도 치열하였다. 여러 개의 소국으로 이루어져 있었던 독일에서는 종교의 갈등과 강대국들의 세력 다툼이 더욱 극심하였는데, 이러한 갈등들이 전쟁의 시발점이 되었고 그 도화선이 된 장소는 보헤미아였다.

독일의 보헤미아는 1609년에 신성로마제국의 황제인 루돌프 2세로부터 신앙의 자유를 얻었지만, 1617년에 보헤미아의 왕위에 오른 페르디난트가 이를 무시하고 신앙의 자유를 구속하기 위해 신교파를 압박하였으므로 신교파 귀족들은 거세게 저항, 마침내 페르디난트에 대항해 반란을 일으켰다.

페르디난트는 반란을 진압하기 위해서 신성로마제국에 도움을 요청하게 되었고 이에 신성로마제국과 가톨릭을 믿는 스페인, 포르투갈 등의 국가들이 보헤미아에 침입하여 귀족들의 반란을 저지하게 되었다. 다른 한편에서는 신교를 믿는 국가들과 독일에서의 영향력을 늘리려는 프랑스 등의 국가들이 개입하게 되어 전쟁은 결국 전 유럽으로 퍼지게 되었다.

전쟁 초기에 페르디난트 황제는 구교파 제후들의 지도자인 바이에른공 막시밀리안과 에스파냐의 협력을 얻어 반란에 가담한 신교파 제후들을 각지에서 제압해 나갔다. 덴마크 왕인 크리스티안 4세는 이 기회를 틈타 영국과 네덜란드의 원조를 확보하고 1625년에 북독일을 침입하였지만 정복에 실패하였고, 또한 이틈을 노린 스웨덴 왕 구스타브 아돌프는 발트해역에서의 세력 확장을 꾀하여 프랑스의 원조를 얻어 보헤미아까지 진출하였다. 프랑스 역시 경쟁 집안이었던 합스부르크 왕가를 견제하기 위하여 가톨릭국가임에도 불구하고 신교파를 지원, 동부 독일로 침입하였다.

전쟁은 30년간이나 지속된 길고 지루한 전쟁이었고 주 전쟁터였던 독일은 잿더미가 되었다. 결국 오랫동안의 전쟁에 지친 황제와 독일 제후들, 그리고 스웨덴 사이에 1645년 이후 화평교섭이 이루어지기 시작하였고 1648년 베스트팔렌 조약의 체결로 30년 전쟁은 막을 내리게 되었다.

▮ 30년 전쟁의 결과

3 0년 전쟁의 결과로 인하여 독일은 폐허가 되었다. 독일 내에서 모두 800만 명이 목숨을 잃었고 전쟁의 시발지 였던 보헤미아에서는 3만 5000명의 주민 가운데 6000명만이 살 아남았다. 가톨릭 제국으로서의 신성로마제국은 사실상 붕괴되었 고 신교도 중심의 국가들이 부각되었다. 또한 이 전쟁을 통하여 네덜란드는 스페인으로부터 완전히 독립하였고 스페인은 서유럽 에서의 주도적인 입지를 상실하였다. 한편 프랑스는 서유럽의 강 국으로 부상하였으며 스웨덴 역시 발트 해에서의 지배권을 장악 하였다. 또한 주권국가들의 공동체라는 근대 유럽의 근본적인 구 조가 확립되었다.

▮ 전쟁의 승패요인 분석

3 0년 전쟁에서는 유럽의 새로운 움직임이었던 *새로운 종 교에의 열망이 가장 큰 승리의 요인이었다고 할 수 있다.*

당시 부패가 극심하였던 구교인 가톨릭에 반기를 든 신교는 성경의 철저한 분석과 성경의 말씀을 따르는 것을 기본으로 하 여 가톨릭이 지닌 부조리의 철폐와 함께 믿음의 자유를 요구하 고 나섰다. 또 이러한 신교를 지지하였던 국가들의 대부분이 당 시 유럽에서 신흥국가로 떠오르는 나라들이었기 때문에 30년 전쟁에서는 그들의 이권을 증가시키고 강대국들의 간섭에서 벗어나려는 신흥국가들의 의지도 크게 작용하였다.

따라서 ***종교의 자유와 자신들의 권리를 지키고자 하는 강인한 의지, 굳은 신념 등에 있어 신교 측이 훨씬 강하였다***고 볼 수 있으며 이러한 정신력의 차이는 결국 30년 전쟁을 신교 측의 우세로 끝나게 만들었다. 다시 말해 신앙의 자유를 찾으려는 신교도들의 뜨거운 열망은 제아무리 무력으로 봉쇄하려고 해도 불가능하다는 것을 보여주었던 것이다.

30년 전쟁을 통해 중세의 낡은 기술과 전술은 유능한 지휘관들의 새로운 기술과 전술에 의해 교체되었으며, 목숨을 걸고 싸운 신교의 종교자유가 보장되기에 이르렀다. 30년 전쟁은 자신의 믿음을 위하여 전쟁도 불사하겠다는 정신전력의 위력이 잘 나타난 경우일 것이다.

◢ 연구자 평가

종 교적인 분쟁은 30년 전쟁의 표면상의 이유일 뿐이고 ***유럽의 신·구 세력의 충돌이 30년 전쟁의 더 중요한 원인***이었다. 외관상으로는 당시 부패가 심하던 구교와 이를 비판하던 신교의 대립이 전쟁을 불러일으킨 것이었다. 즉 30년 전쟁을 종교적 갈등을 내세운 신·구 세력 간의 충돌로 보아야 할 것이다. 그러나 좀 더 자세한 내막을 보면 유럽 대륙에서 새로이 일어나 세력을 잡으려는 신흥 세력과 자신들의 기득권을 지키려는 기존 세력 간의 충돌이었음을 알 수 있다. 하지만 *30년 전쟁 전체를 아우르는 가장 큰 명제는 '종교'*였고, 전 유럽은 각기 자신의 종교 아래 군대를 지원하였고 국제사회의 지지를 확보하였다는 사실을 알 수 있다. 또한 30년 전쟁을 통하여 현재까지도 쓰이는 군 조직의 정비가 거의 이루어졌다. 대대급 병력 창설, 군의관의 배치 등의 현대적 정비가 이루어짐으로써 군의 현대화도 빠르게 진행되었던 것이다.

■ 결 론

3 0년 전쟁은 기존의 유럽을 지배하던 세력들로부터 종교의 자유를 얻고 강대국들의 간섭에서 벗어나기 위한 신흥 세력들의 저항에서 비롯되었다고 할 수 있다. 이 전쟁을 통해서 유럽에서의 종교의 자유가 보장되었으며 네덜란드, 스웨덴 등이 새로운 유럽의 강자로 등장하였다. 또한 중세 유럽에서 큰 역할을 차지하였던 신성로마제국은 완전히 자취를 감추었으며 유럽은 중세를 지나 근대 사회로 접어들게 되었다.

믿음의 자유와 새로운 시대에서 주도적인 위치를 차지하기 위한 세력들의 다툼은 유럽의 지도를 바꿀 만큼 치열했으며 그러한 *세력 다툼 속에는 믿음의 자유와 굳은 신앙을 지키겠다는 신*

념이 있었다.

30년 전쟁이 신교 측의 우세로 끝난 것은 부패한 교회와 기존 사회질서로부터 벗어나 믿음의 자유를 얻기 위한 신교와 강대국들의 간섭에서 벗어나고자 한 신흥 세력의 자유에의 열망이 기존 세력들의 그것보다 훨씬 강했기 때문이라고 볼 수 있다.

30년 전쟁은 새로운 세력이 진정으로 얻고자 하는 믿음의 자유와 개인의 권리는 결코 저절로 얻어질 수 없으며 처절한 싸움을 하는 한이 있더라도 끝까지 쟁취해야 한다는 것을 일깨워 주고 있다. 그리고 *현재 우리가 누리고 있는 이 자유와 독립도 수많은 선열과 호국영령의 값비싼 순국의 대가로 얻은 산물이라는 사실을 잊어서는 안 될 것*이다.

전쟁을 경험하여 그 본질을 잘 아는 군인은 전쟁을 모르고 헛되게 입으로 평화를 부르짖는 공산가보다 전쟁을 더욱 두려워 한다.

— 젝트 —

근대의 전쟁

✝ 기습에 의한 전투력의 집중력이 유난히 빛났던 나폴레옹 전쟁

▌ 전쟁에 대한 총평가

프 *랑스 혁명전쟁(1797 ~1815년)은 프랑스가 프랑스혁명 당시 나폴레옹 1세의 지휘하에 유럽의 여러 나라와 싸운 전쟁을 총칭*한다. 당시 나폴레옹은 총사령관으로서 제1이탈리아 및 이집트 원정을 지휘하였다. 이 전쟁들의 특징은 군사체계나 전술적 요인보다는 *나폴레옹 개인의 천재성이 더 주목되는 전쟁*이었다.

프랑스는 혁명의 성과를 전파하기 위해 유럽제국과 60여 회의 전투를 벌였으며, 나폴레옹이 절대 권력을 장악하게 되면서 혁명전쟁의 순수성은 사라지고, 전쟁은 조국과 국민의 영광이라는 내셔널리즘에 의한 유럽으로의 영향력 확대와 영토 확장에 목적을 두는 것으로 변질되어 갔다.

나폴레옹식 전쟁의 특성으로는 **_결정적인 지점에 병력을 기술_**
_적으로 집중하며, 정보를 중요시_하였다는 것이다. 또한 전장에서
진두지휘하고 명연설로 장병들의 사기진작과 원활한 커뮤니케이
션에 힘을 씀으로써 부하들의 자발적인 전쟁참여를 유도하였다.

1 전쟁의 전개과정

○ 이집트 원정

이집트 원정(1798. 5. 19.)을 떠난 나폴레옹의 군사적 행동에는
동방에 대한 개인적 야망도 있었지만, 이집트를 제압함으로써 인
도에 진출한 영국을 견제하기 위한 의도가 더욱 강했다.

○ 마렝고 전투(Battle of Marengo)

제2차 동맹전쟁 때 나폴레옹이 프랑스에 대항한 유럽 국가들
에게 가까스로 이긴 전투로 적의 허를 찌르기 위해 알프스 산맥
을 넘은 전투로 유명하다. 프랑스는 롬바르디아를 점령했고 나폴
레옹은 파리에서 군사적·국민적 위신을 높일 수 있었다.

○ 아우스터리츠 전투
(Battle of Austerlitz, 또는 Battle of Three Emperors)

제3차 유럽 동맹전쟁의 첫 번째 전투로 나폴레옹이 가장 큰

승리를 거둔 전투 중 하나이다. 나폴레옹군이 쿠투조프 장군의 지휘하에 있는 러시아-오스트리아 동맹군을 물리쳤다. 오스트리아는 이 전투의 패배로 프랑스와 평화협정(프레스부르크 조약)을 맺을 수밖에 없었다.

○ 예나 전투(Battle of Jena)

나폴레옹 전쟁 당시 작센 지방의 예나와 아우어슈테트에서 벌어진 전투로 나폴레옹은 구식 전술을 고수하던 프로이센 군대를 격파했고, 이 전투의 결과 프로이센의 영토는 절반으로 줄어들었다.

○ 아일라우 전투(Battle of Eylau)

러시아의 제3차 대(對)프랑스 동맹 때 벌어진 전투로 아일라우(지금의 러시아 바그라티오노프스크) 근처에서 벌어졌으며 나폴레옹이 처음으로 고전한 전투이다.

◼ 전쟁의 승패요인 분석

나폴레옹 전쟁은 혁명의 정신을 전 유럽으로 전파하고자 하는 프랑스와 혁명의 불길이 자신들에게 번지는 것을 두려워한 유럽 각 국가들의 충돌로 시작되었다. 그러나 시간이 흘러 나폴레옹이 실권을 장악하면서 원정은 점차 프랑스의 영토

확장과 나폴레옹의 개인적 야망을 달성하기 위한 것으로 바뀌어 갔다.

나폴레옹이 여러 전투들을 승리로 장식하고 유럽을 장악할 수 있었던 것은 *나폴레옹 특유의 뛰어난 전략 운영과 집중의 묘미*에서 비롯되었다고 할 수 있다. 나폴레옹은 전략의 달인이었다. 그의 전략범위, 작전속도와 작전의 공조는 아주 특이했다. 또한 원활한 수송을 위하여 유럽의 도로 건축에도 많은 노력을 기울였으며 세심한 조사를 거쳐 하나의 작전이 조직화되었고 나폴레옹 자신이 직접 모든 일에 최종결정을 내렸다. 그는 하나의 작전을 장기적으로 준비, 감독하는 것을 몹시 중요한 일로 여겼다. 그 가운데 핵심적인 것으로 다음 네 가지 사항으로 정리해 볼 수 있다.

첫째, *'나폴레옹식 전략(戰略)의 요결(要訣)은 결정적인 지점에 사용 가능한 최대의 병력을 집중함에 있다.*'는 것이다. 이것은 전쟁 수행에서의 집중의 중요성을 강조한 것이다. 실제로 나폴레옹은 불리한 상황에서도 적의 취약부분에 공격력을 집중하여 전세를 역전시켜 격퇴한 예가 많았다.

둘째, *나폴레옹은 정보의 중요성을 강조*하였다. 스페인 전투에서 나폴레옹은 전쟁이 시작되기 전 스페인의 중요지형과 기후 등을 정확히 파악함으로써 승리를 할 수 있었으며, 지휘관은 승리하기 위해서는 필요한 모든 정보를 획득해야 한다고 그는 주장하였다.

셋째, **집중의 원칙,** 정보 습득에 의해서가 아니라 나폴레옹의 뛰어난 지휘능력에 따라 신속한 기동력과 빼어난 조직력을 발휘한 프랑스군은 잇따른 전쟁에서 승리함으로써 나폴레옹은 유럽의 대부분을 점령하였다. 대표적인 사례가 마렝고 전투에서 누구도 예측하지 못한 알프스 산맥을 넘어 기습공격을 감행한 것이며, 그는 이 작전을 위해 집중적인 공격과 결정적인 순간의 포착을 위해 며칠 밤을 지새우면서 모든 분야를 철저히 점검하였다.

넷째, **나폴레옹의 솔선수범의 자세**는 장병들의 사기진작에 크게 기여하였다. 나폴레옹은 전장의 최일선에서 진두지휘함으로써 부하들은 상관에 대한 굳은 믿음으로 충성을 맹세하였다. 또한 그는 장병들의 사기를 진작시키는 명연설가로 명성이 높았다. "여러분이 헐벗고 굶주린 상태이지만 아무것도 없습니다. 본인은 여러분에게 가장 비옥한 평야로 안내하겠습니다. 거기에서 여러분은 명예와 영광, 그리고 재산을 발견할 것입니다."

■ 역사적 평가

나폴레옹 전쟁 초기에는 프랑스혁명의 정신을 전파하는 성격을 띠었으나, 점차 프랑스의 영향력 확대와 나폴레옹의 영웅심을 과시하기 위한 것으로 변하여 나폴레옹은 유럽 제국과 60회나 되는 싸움을 벌이게 되었다.

결국 전쟁은 혁명의 순수성으로부터 *조국과 국민의 영광이라는 왜곡된 내셔널리즘 형태로 변질*되어 갔다. 게다가 전쟁은 프랑스 국내에서 나폴레옹이 순수한 혁명의 정치원리를 뒤엎고, 군사독재를 강화하기 위해 외관상으로 내셔널리즘을 내세워 나폴레옹 자신의 야심을 은폐하는 데 많은 역할을 하였다.

한편 프랑스혁명 과정에서 탄생한 내셔널리즘은 나폴레옹전쟁을 계기로 유럽 각지에 확대되어 반(反)나폴레옹적인 각국의 애국주의 운동으로 이어졌다. 그리하여 세계 지배를 꿈꾸던 나폴레옹의 시대착오적 야망은 전쟁의 실패로 사그라졌다. 그러나 그의 전쟁은 뜻밖에도 세계사의 흐름에 커다란 영향을 끼쳤다.

19세기 역사의 주류를 형성하는 *자유주의 · 국민주의의 전파, 민주적 제도 · 입헌정치의 수립, 혁명의 영향을 받은 프랑스 군인들에 의한 자유 · 평등 사상의 이식 등이 바로 그것*이다. 따라서 결과적으로 나폴레옹의 원정에 따른 자유주의의 확대는 유럽 각 민족의 독립과 통일을 요구하는 국민주의 운동으로 발전하게 되었고, 오늘날 유럽 민주주의 발달의 기틀이 되었던 것이다.

■ 연구자 평가

프랑스 사관학교를 나와 포병 소위로 임관한 나폴레옹은 많은 전쟁사 서적을 탐독하고 군사적으로는 기베르의 저술로부터 큰 영향을 받았다. 혁명 정부가 차츰 부패하면서 군을 방치하였지만, 나폴레옹이 롬바르디아 평원을 정벌하기까지 12개월 동안 12연승을 거두면서 군인들은 혁명정부를 불신하면서 군사적 명성이 높은 나폴레옹을 지지하게 되었다.

흥미로운 사실 중 하나는 역사상 가장 위대한 군인 중 한 명인 나폴레옹의 전술운용이나 무기 등에 있어 특별히 혁신적인 것이 없었다는 사실이다. 대신 그는 이미 존재하는 무기와 전략전술을 슬기롭게 현장에 잘 적응시킨 '적용의 마술사'였다는 평가를 받고 있다. 공격적이고 철저히 준비한 그의 병력은 실전에서 엄청난 위력을 발휘하였으며 나폴레옹의 명성을 크게 높여주었다. 현재 존재하는 무기와 기술을 최대한 이용하고 적용해서 최고의 결과를 내었던 것이다.

근 20년 가까이 지속되어 온 나폴레옹 전쟁의 승패요인을 한마디로 요약하기는 힘들다. 따라서 개개의 전투에서의 승패요인보다는 나폴레옹이라는 걸출한 전쟁영웅이 가지고 있는 전술적 능력과 정신능력을 위주로 언급하려고 한다.

나폴레옹이 여러 전투에서 보여줬던 승리의 요인 중 대표적인 것은 *재빠른 기동력을 활용한 기습 능력*이다. 프랑스는 혁명으로 인하여 전 유럽을 적으로 돌리고 말았다. 따라서 프랑스는 언제나 수적인 열세 속에서 전투를 치러야 했으며, 이러한 수적인 열세를 극복할 수 있는 방법이 바로 이 기습과 기동력을 활용하는 것이었다.

나폴레옹이 마렝고 전투에서 알프스 산맥을 넘는 과감한 결단을 한 것도 정상적인 전투를 통해서는 승리할 수 없었기 때문에, 적의 허를 찌르는 기습을 감행하였던 것이다.

또한 나폴레옹은 *항상 최일선에 서서 전투를 진두지휘하였고 꼼꼼하고 치밀하게 작전을 계획*하였다. 이는 그를 따르는 장병들의 그에 대한 충성심과 사기를 북돋워 주는 데 큰 역할을 하였으며, 전투를 승리로 이끄는 데 결정적인 역할을 하였다.

나폴레옹이라는 걸출한 장군을 보유한 프랑스이지만, 이러한 위대한 승리만이 그의 능력이라고 보는 것도 무리가 있다. 후세에 그가 남긴 업적 중에는 전쟁과 관련된 부분만이 아니라, 오늘날 거의 모든 법치국가 법률의 기본이 되는 나폴레옹 법전의 창제, 각종 행정 및 단위의 표준화 등 오늘날까지도 유럽인들의 삶에 영향을 끼치고 있는 것들이 너무도 많다. 나폴레옹을 뛰어난 군사지도자라고 칭송하는 것은 그가 남긴 이러한 많은 업적들 때문인 것이다.

◀ 결 론

조 그마한 시골 코르시카 섬 출신의 나폴레옹은 프랑스를 넘어서 전 유럽을 그의 발아래 놓았다. 프랑스 혁명이라는 혼란한 상황에도 불구하고 전 유럽을 상대로 승리를 이끌어

냄으로써 그의 위대성이 돋보인다. 전쟁 초기에 프랑스가 승리할 수 있었던 것은 그들이 내세운 혁명정신을 실현하려는 프랑스 국민의 의지와 전 유럽을 석권하려는 데에서 비롯된 위기 상황이 오히려 그들을 내부적으로 단결시킬 수 있었기 때문이다. 그러한 의지에 나폴레옹이라는 위대한 군인의 능력이 더해 전 유럽에 프랑스 혁명의 기치를 내걸 수 있었던 것이다.

결국 나폴레옹이 전쟁에서 패하면서 유럽 사회는 새로운 질서 속으로 재편되었지만, 그가 보여준 전략과 작전은 이후 전쟁의 전략과 전술의 큰 발전을 가져왔다고 해도 과언이 아니다. 상황에 따른 적절한 전략과 재빠른 공격과 기습 그리고 그가 보여줬던 과감한 결단력은 세계 전사에도 길이 남아 있다.

✝ 지휘관의 건강과 자만하지 않음의 중요성을 일깨워 준 워털루 전쟁

🔰 전쟁에 대한 총평가

엘바 섬 유배의 치욕을 웰링턴에게 반드시 갚아 주겠다던 나폴레옹, 그러나 그의 군은 결의와는 달리 전황은 나폴레옹을 외면하였다.

*워털루 전투*는 17세기 초 전 유럽을 뒤흔들면서 프랑스를 유럽 최강의 국가로 발돋움시킨 입지전적인 인물 *황제 보나파르트 나폴레옹 1세의 몰락을 가져왔던 전투*이다. 뛰어난 전략가이자 전술가인 나폴레옹은 군신이라 불릴 정도로 수많은 전쟁에서 승리했지만 지나친 자신감과 야심으로 가득 차 이미 웰링턴과의 싸움에서 패하여 엘바 섬에 갇히는 수모를 겪었었다. 그래서 나폴레옹은 워털루 전쟁에서 반드시 설욕할 것을 결의하고 비장한 각오로 출전하였으나 결국 복수심에 사로잡혀 잘못된 인사배치

와 프로이센의 기습공격을 극복하지 못하고 영국의 명장 웰링턴과 프러시아의 명장 블뤼허에게 패하여 세인트헬레나 섬에 유배되어 종말을 맞이하게 되었다.

나폴레옹 군대가 러시아 원정 실패 이후 전투력에 치명상을 입어 예전의 강력함을 찾아보기 힘들었던 반면에 유럽 군대는 여러 차례의 전쟁을 통해 나폴레옹의 전법을 모두 터득할 만큼 충분한 경험과 훌륭한 지휘관들을 보유하고 있었다. 과거의 나폴레옹은 번뜩이는 재능을 가진 뛰어난 전략가이었지만 워털루 전쟁 당시(1815년)에는 46세로 이미 쇠퇴기에 들어서서 실수가 잦았고 지병으로 인하여 왕성한 활동을 펼치기가 불가능했다. 또한 적재적소 인사의 기본원칙을 무시한 독단적 처사로 부하장군들에게 원망을 샀는데 이러한 요소들이 워털루 전쟁에서 나폴레옹 1세의 몰락을 가져왔다고 하겠다.

▌ 전쟁배경과 양국전세 비교

1 815년, 엘바 섬에 유배되어 있던 나폴레옹은 동맹국 사이에 불협화음이 생기고 루이18세가 실정을 거듭하고 있다는 소식을 듣고는 병력 900명과 함께 엘바 섬을 탈출하여 파리로 돌아온다. 파리로 돌아와 정권을 장악한 나폴레옹은 이른바 백일천하시대를 열고, 재기를 꿈꾸었다. 나폴레옹은 자기에게 수모를 주었던 나라에 보복하기 위해 또다시 전쟁을 시작하였다.

이 당시 양국의 전세를 살펴보면 동맹군이 70만이었으며 이 중 영국군은 9만 5천, 프러시아는 12만 명이었다. 한편 나폴레옹은 웰링턴과 블뤼허에 대결하기 위하여 12만 4천의 병사를 집결시키고 그 밖에도 30만의 병력을 보유하였다. 병력의 차이가 나긴 했지만 나폴레옹은 각 부대에 대해 각개격파를 시도하였으므로 각 전투에서는 백중세를 예상할 수 있었다.

☝ 전쟁의 승패요인 분석

위 털루 전투는 지휘관의 지휘역량은 건강과 직결되어 있음을 잘 보여주었다. 건강하지 못하면 심리적으로 위축됨으로써 전승의지가 결여되고 필승의 신념이 약화되기 때문에 지휘역량을 충분히 발휘할 수 없게 된다.

당시 나폴레옹은 46세였고 지병과 파리에서 얻은 요도질환 및 초기 위암을 앓고 있었다. 그렇기에 *과거의 뜨거운 열정은 찾아볼 수 없었고 장기간의 격한 전투로 인하여 심신이 지쳐 적과의 싸움에 있어 결정의 시기를 놓쳐버리거나 깨끗하게 전쟁을 마무리하지 못해 뒤에서 역공을 당하는 사례도 있었다.* 대표적인 사례가 프로이센의 기습공격에 의해 나폴레옹 군대가 워털루 전투에서 패하게 된 것이었다. 이전의 리니 전투에서 프로이센군을 끝까지 추격하여 섬멸시킬 수 있었음에도 나폴레옹이 낙마로 부상을 입어 정상적인 지휘를 할 수 없는 상태였기 때문에 마무리를 짓지 못하였다. 이러한 매끄럽지 못한 일처리로 말미암아 살려줬던 프로이센 군대에게 나폴레옹 군대가 패배하게 되었다.

이에 반해 영국의 웰링턴은 나폴레옹과 동갑임에도, 신체적으로나 정신적으로 강인한 면모를 갖추어 전투에 임해서도 확신과 끈기를 갖고 주도면밀하게 전쟁을 지휘하였다. 그 당시 영국의 웰링턴은 전투에서 매우 열정적으로 병사들을 지휘하였으며 영국의 동맹국 프러시아의 지휘관 블뤼허도 72세의 고령이었으나 후퇴는 모르고 전진만 아는 강직한 장군으로 소문나 있었다.

과거의 영광에 집착하여 자만하고 심신이 피곤하여 명령조차 제대로 내리지 못하는 지휘관에게 승리를 기대하기는 어렵다. 반면에 전투마다 순간순간 냉정한 판단과 단호히 결정할 수 있는 강인한 정신력을 지닌 지휘관이 승리하게 되는 것을 워털루 전쟁은 우리에게 말하고 있다. 이처럼 양측의 병력과 전투력이 비슷할 때에는 *무형전력인 지휘관의 정신력과 노력에 의해 승패가 판가름 난다고 해도 과언이 아닐 것*이다.

참고: 나폴레옹은 젊었을 때와 달리 열정적이지 못했다. 워털루 전투를 살펴보더라도 만약 그가 초기 이탈리아에서처럼 번개 같은 공격을 보여주었더라면, 충분히 적군에 타격을 줄 수 있었을 것이다. 만일 워털루 전투에서 과거와 같은 모습을 보여주었다면 영국과 프로이센군의 연합 공격에서 프랑스 군대가 쉽사리 무너지지 않았을 것이다.

워털루 전투는 또한 *지휘관의 지나친 정복의 야심은 돌이킬*

수 없는 패망의 길로 들어서게 할 수 있음을 깨우쳐 준다. 나폴레옹은 유럽을 정복하고도 만족하지 못하고 영국을 향해 대륙봉쇄령을 선포하였으며, 에스파냐 왕을 강제 폐위(1808)시켜 민족적 저항을 받았다. 또한 러시아 침공(1812)에 나섰으나 추위에 견디지 못하고 60만의 병력 중에 50만을 잃는 대패를 하였으며, 라이프치히 전투(1813)에서 프랑스동맹군에서 패하고 엘바 섬으로 유배 떠났다가 마침내 워털루 전쟁에서 패배하였다. 워털루 전쟁 초기에 나폴레옹이 지휘하는 기병대와 포병은 거세게 영국군을 공격하여 웰링턴 진영을 마구 휘젓고 다니면서 승리를 목전에 두고 있었으나, 누구도 예상 못한 프로이센 병사들이 기습 공격해 오면서 프랑스 병사들은 허무하게 쓰러지고 만다. 심기일전한 프로이센과 영국군의 합동 공격을 받은 나폴레옹군은 엄청난 타격을 입었고 결국 워털루 전쟁에서 패하고 말았다.

이처럼 나폴레옹은 전쟁속도의 완급조절이나 병력을 충분하게 재충전하지 않고 병력이 정비되지 않은 채 분노의 칼을 세우고 전쟁을 벌여 종국에는 패망의 길을 걷게 되었다. 이는 뚜렷한 대의명분 없이 개인의 야욕으로 인한 전쟁이 얼마나 무모한 것인가를 알 수 있다.

또한 *워털루 전투에서는 기후의 중요성을 인식할 수 있다.* 전투가 벌어진 당시 워털루에선 폭우가 내려 진흙탕이 되었는데, 이는 기동을 중시하는 나폴레옹 군대에게 불리한 상황이었다. 결국 나폴레옹군은 어쩔 수 없이 정면 돌파 작전을 감행하였으나 프로이센의 기습공격에 의해 제대로 기동도 하지 못하고 패하고 말았다.

워털루 전투에서 나폴레옹 군대가 연합군에 비해 전투력 면에서 현격하게 뒤처진 것은 아니었으나, 나폴레옹 자신의 건강이 좋지 않음에 의한 지휘역량의 약화, 실수, 결정의 시기를 놓침, 재충전의 여유가 없는 무리한 공격, 원칙 없는 인사 등등의 요인에 의해서 나폴레옹 군대는 결국 패망의 길을 걷게 되었다고 할 수 있겠다.

▮ 역사적 평가

위 대했던 군신 나폴레옹에게 처음 패배를 안겼던 싸움이 러시아 원정이라면, 돌이킬 수 없는 타격을 준 싸움이 바로 워털루 전투이다.

하지만 나폴레옹의 몰락은 그가 지나친 야심가이자 정복자로서 쉼 없이 타국을 정복하려 한데서 이미 예정된 일이었다. 다시 말해 전쟁에 나가면 승리를 보장받았었기에 러시아 원정에서 추위로 인해 뼈아픈 패배를 했을 때 불가능은 없다고 외치던 나폴레옹은 심리적으로는 자괴감에 빠졌고 자존심에 커다란 상처를 받았을 것이다. 그럴수록 침착하게 생각하고 차분히 재충전했어야 했음에도 불구하고 유배지에서 탈출하는 순간 과거 찬란한 영광을 되찾겠다는 욕심에 의해 돌아올 수 없는 강을 건넘으로써 파국을 맞게 되어 우리에게 많은 교훈을 주고 있다.

¶ 결 론

위털루 전쟁 당시 나폴레옹부대와 웰링턴군, 불뤼허군, 연합군의 유형전력은 거의 백중세를 이루고 있어 승리의 여신이 어느 쪽에 미소를 지을 것인가를 가늠하기는 어려웠다. 그러나 건강의 악화로 열정이 부족하고 지나친 야심에만 집착한 나폴레옹은 과거의 찬란했던 전쟁실적을 과신하여 작전구사에 치밀하지 못하고 실수가 잦은 것은 물론, 매끄럽지 못한 전쟁 마무리로 프로이센 군대를 살려준 것이 화근이 되어 워털루 전투에서 기습 공격을 당하게 되었다. 또한 안하무인격의 지휘통솔로 부하들의 사기를 저하시켰으며, 프랑스 내정에는 관심이 없고 전쟁광인 양 잃어버린 영광만을 되찾기 위해 동분서주하였다. 이러한 무형적인 요인이 나폴레옹 패배의 이유이다. 이에 반해 웰링턴 군대는 신출귀몰한 작전을 구사하지는 못할지라도 원칙을 준수하는 체계성과 주도면밀함으로 전쟁의 승리를 안았음을 우리는 주지해야 하겠다.

한마디로 나폴레옹 군대가 낡은 구식 전술을 구사하였다면 웰링턴 군대는 이미 나폴레옹의 전술을 모두 터득한 것은 물론 신식 전술을 구사하여 승리를 차지하였다. 만일 나폴레옹이 엘바 섬에 유배되었다가 탈출하여 '백일천하'를 이루었을 때, 자신에게 수모를 주었던 나라에 대해 성급하게 복수를 결의하기보다는 황제로서 프랑스 내정에 관심을 기울이고, 군사력을 회복한 후에 전쟁을 일으켰다면 전황이 달라지지 않았을까 생각해 본다.

대의명분과 사명감 없이 지휘관의 욕심과 복수심에 의한 전투는 지휘관의 능력 여하를 불문하고 패배하기 마련이라는 것을 항상 잊지 말아야 하겠다.

> 역사는 항상 강한 의지를 가진 자가 우세한 적과 싸워도 승리한다는 교훈을 알려준다.
>
> — 롬멜 —

† 영국 식민지배를 벗어나기 위한 거센 몸부림 끝에 자유를 찾은 미국독립전쟁

■ 전쟁에 대한 총평가

영국 식민통치에 저항하여 자유와 독립을 얻고자 하는 미국의 열망은 누구도 막을 수 없을 정도로 대단하였다. 식민지 연합군 사령관 워싱턴은 "여름철 군인과 햇볕 애국자는 아무것도 할 수 없으며 추위와 굶주린 밤을 이겨내는 강한 자만이 진정한 군인이요 애국자이다."라고 참된 군인상을 정립시킴으로써 시민군에게 애국충정의 마음을 불태우게 만들었고 이것이 전쟁승리의 계기가 되었다.

*미국 독립전쟁은 영국의 식민 지배를 받고 있던 북아메리카 식민지가 자유와 경제적 이익을 얻기 위해서 독립을 주장하며 영국과 벌인 전쟁*으로 전쟁 수행 의지의 차이에 따라 승패가 결정지어졌다. 영국군들은 미국 독립전쟁을 군사훈련 정도로만 생

각한 반면에, 식민지연합군은 영국의 식민지배로부터 벗어나기
위해 전투력의 부족을 정신력으로 극복, 승리를 거두었다. 이 *전
쟁에서 승리함으로써 미국은 독립을 쟁취*하였고, 오늘날 세계 최
강대국으로 발돋움하는 기틀을 마련하게 되었다.

◀ 전쟁배경과 전개양상

영국정부는 처음에는 북아메리카 13개 주의 식민지에 대
하여 무척 관대하였다. 하지만 프랑스 · 인디언 연합군과
주도권을 놓고 벌인 전쟁에서 영국이 승리하면서, 북아메리카 대
륙의 지배에 자신감을 얻은 영국은 과거의 '건전한 방임' 관계를
청산하고 북미 식민지에 대해 적극 간섭하기 시작하였다.

점점 심해지는 영국 간섭에 참을 만큼 참아왔던 북미 식민지인
들은 마침내 "대표 없이 과세 없다."는 유명한 선언을 하기에 이
르렀다. 그러나 영국정부는 이에 아랑곳하지 않고 식민지 세법인
타운센드 법을 제정하여 식민지를 더욱 심하게 착취하였다. 이에
따라 식민지와 영국정부 간의 갈등의 골은 점점 깊어져만 갔다.

전쟁의 서막은 보스턴에서 시작되었다. 영국이 수입 차(茶)에
대해 무거운 관세를 매기자 인디언으로 분장한 식민지 주민들은
보스턴 항구에 정박 중이던 세 척의 동인도회사 소속 배에 올라
배 위에 쌓인 342개의 차 상자를 바다에 던지는 이른바 '보스턴

차사건'을 일으켰다. 이 사건에 대해 영국정부는 물러서지 않고 여러 강제적인 법을 추가로 제정하여 식민지 주민들을 압박해 나갔다.

이에 12개주의 식민대표들은 '무기를 들게 된 이유와 그 필요성에 대한 선언'이라는 결의문을 채택한 후 식민지 연합군을 조직하고, 조지 워싱턴을 사령관으로 임명하여 본격적으로 독립을 향한 첫발을 내딛었다.

하지만 급작스레 조직된 식민지 연합군은 군대라고 할 수 없을 정도로 영국에 비하여 전투장비가 부족하여 초기에는 고전을 면치 못하였다. 그러나 워싱턴 사령관은 강추위에도 아랑곳하지 않고 얼어붙은 강을 건너 기습을 가하는 등 전세의 역전을 노렸으며, 영국의 북아메리카 지배를 달갑게 여기지 않던 프랑스를 비롯한 유럽 국가들의 원조를 받아 끝내 식민지 연합군은 영국으로부터 독립을 달성할 수 있었다.

■ 전쟁의 승패요인 분석

미국의 승리는 지도자 워싱턴 장군 등의 탁월한 지휘역량과 식민지 군인들의 승리에 대한 강한 신념이 결정적인 영향을 끼쳤다.

첫째, *미국은 독립 쟁취에 대한 열망을 지닌 지휘역량이 뛰어*

난 지도자를 많이 가지고 있었다. 대표적인 인물로 토머스 페인을 들 수가 있다. 그는 영국군에게 패배를 당하여 사기가 떨어진 병사들에게 용기를 북돋워 주는 유명한 연설을 하였다.

"군인정신을 시험할 때이다. 전세가 유리할 때에만 싸우는 군인이나 말로만 애국자라 떠드는 사람은 위기상황 아래서는 조국에 대한 의무를 헌신짝처럼 내팽개치고 도망갈 것이다. 이같이 역경과 고난의 시기에 조국을 지키기 위한 책임을 다하는 자만이 참다운 애국자이며, 국민들로부터 존경받을 자격이 있다."라는 명연설을 들은 아메리카군은 깊은 감명을 받아 전의를 불태움으로써 혹한 속에서 수행해야 했던 트렌톤 전투를 승리로 이끌 수 있었다.

또한 연합군 사령관이었던 워싱턴은 굶주림과 질병으로 쓰러져 가는 미국 시민군 앞에서 이렇게 연설했다. "여름철 군인과 햇볕 애국자는 아무 일도 할 수 없다. 추위와 굶주림의 밤을 이겨내는 강한 자만이 진정한 군인이요, 애국자이다." 이 연설을 들은 미국 시민군은 두려움을 극복하고 최선을 다해 영국군을 공격하여 대승을 거두는 계기를 마련하였다.

둘째로, 전쟁 초반 전력에서 열세였던 *식민지 연합군은 전쟁을 치르면서 점점 전력을 정비하고 강인한 정신력으로 무장*하였다. 식민지 연합군 측은 전투력이 열세인데다가 전체 인구의 1/3에 달하는 왕당파가 영국을 지지하는 등의 악조건에서도 자국의 독립을 위한 강렬한 의지를 지녔다. 반면 영국군은 이 전쟁을 단순히 식민지의 저항을 잠재우는 군사훈련 정도로 쉽게 생각하고 있었다. 심지어 몇몇 장교는 아내를 동반하는 등 군기도 문란하였으며, 초기에 영국의 승리로 전쟁을 종료할 수 있었던 기회가 많았지만 지휘관의 정신자세 해이로 인한 부주의와 무능으로 모두 날려버렸다.

▮ 역사적 평가

독립 당시 미국은 5대호에서 미시시피에 이르는 북미대륙 동쪽 해안을 따라 길게 뻗은 나라였다. 하지만 독립 후 적극적으로 서부개척을 단행하여 태평양 연안까지 영토를 확장함으로써 불과 100여 년 만에 세계 열강대열에 합류하였다.

또한 미국은 조지 워싱턴이라는 '국부'를 얻을 수 있었다. 독립군을 이끌었던 조지 워싱턴은 독립 후 사령관직을 물러나 고향으로 돌아갔지만 그를 열광적으로 지지하는 사람들에 의해 합중국의 초대 대통령으로 선출되었다. 대통령으로 8년을 재임하면서 그는 합중국의 기초를 닦는 데 크게 기여하였고, 그 후 명예롭게 은퇴했으며, 오늘날까지도 워싱턴 장군은 '건국의 아버지'로서 미국인의 존경을 받고 있다.

✒ 연구자 평가

모 든 면에서 열악하고 약했던 미국이 당시 세계 최강이었던 영국의 식민지배로부터 독립을 쟁취할 수 있었던 것은 영국이 승리에 대한 의지가 약했던 반면, *식민지인들은 독립을 쟁취하기 위해서 끝까지 싸울 것을 결의하고, 지면 죽음뿐이라는 생각으로 최후의 일인까지 싸웠기 때문*이었다. 또한 미국에는 여느 식민지 국가와 달리 이미 자유와 독립의 사상이 널리 퍼져 있었으며, 민주주의체제가 성립되어 있었기에 다른 식민지들과는 달리 짜임새 있고 효과적인 독립운동을 펼칠 수 있었다.

✒ 결 론

미 국의 승리에는 비록 프랑스 등의 국제적인 지원도 어느 정도의 역할을 하였지만, *미국은 스스로 독립을 할 수 있는 원동력*을 가지고 있었다. 그것은 식민지 주민들의 자유에 대한 강한 의지와 열망이었다. 어차피 모두가 다 고향을 등지고 머나먼 신세계로 온 신세이며 식민지에선 누구나 다 같은 신분이요, 같은 처지였다. 신분과 종교의 전통으로부터 분리된 탓에 오히려 식민지에서는 경제적, 사회적 기회가 모두에게 평등하였고, *식민지인들은 자신들에게 다가온 새로운 기회를 놓칠 수 없다는 생각에 더욱 더 굳게 단결하여 독립을 열망, 목숨을 걸고 싸웠기에 강대국 영국의 식민 통치로부터 해방될 수 있었다.*

✝ 자유와 민주주의의 소중함을 일깨워 준 남북전쟁

▌ 전쟁에 대한 총평가

남 *북전쟁(1861 - 1865)은 미국역사에서 연방정부와 분리를 주장했던 남부 11개주 사이에 일어난 전쟁*이다. 또한 남북전쟁은 공업 위주의 북부와 노예를 이용하여 농사를 짓는 남부가 4년간 벌인 내전으로, 남부는 노예제도를 계속 원했지만 북부는 남아도는 인력문제 처리로 노예제도를 반대하였다. 마침내 남부가 연방 탈퇴를 선언하기에 이르자 이로 인해 남부와 북부간의 전쟁이 시작되었다. 이 전쟁에서 남부가 패배함으로써 남과 북은 미연방으로 합쳐지게 되었다. 이렇듯 남·북으로 갈리어 전쟁을 치름으로써 분열될 뻔했던 미합중국은 *자유와 평등을 최고의 가치로 여기는 국가로서 세계에 우뚝 서게 되었다.*

한때 남부군이 우세하였으나 동부전선에서 북군은 그랜트 장군의 지휘로 대공세를 개시 전세를 역전시켰다. 특히 남북전쟁의 최대의 격전은 1863년 7월 1일에서 3일까지 벌어진 게티즈버그 전투였다. 이 전투에서 남부군은 전 병력의 3분의 1에 해당하는 2만 8천여 명이 전사 혹은 부상당하였고, 북부군도 2만 3천여 명의 인명 손실을 입었다. 결국 서부전선에서 북군의 셔먼 장군은 포위작전과 우회작전으로 남부군을 몰아내고 항복을 받아내었다. 또한 전쟁이 막바지에 이른 1865년 1월에 링컨은 미국 전역을 대상으로 노예제를 폐지하였다. 노스캐롤라이나로 진격해 들어간 셔먼 장군 휘하의 북군도 4월 26일에 남군 존스턴의 항복을 받음으로써 전쟁은 종결되었다.

◼ 전쟁배경과 양국전세 비교

남북 간에 노예제도와 경제계획에 대한 견해 차이로 증오가 쌓여가던 중 노예 제도를 반대하는 링컨 대통령이 당선(1860년)되자, 남부 11개주는 미합중국에서 탈퇴하고 제퍼슨 데이비스를 '아메리카 연방'의 대통령으로 임명하였다. 남부군의 '아메리카 연방' 군대가 미합중국의 수비대를 공격함으로써 남북전쟁은 발발되었다.

전쟁이 발발했을 당시 양쪽 군사력은 극히 미미했으며 많은 시행착오를 반복한 후에야 군대다운 모습을 갖추어 나갔다. 남북

양 정부는 처음에는 지원병들로 군대를 편성했으나, 나중에는 많은 병력 소요 때문에 징병제도를 채택했다. 병사들은 주로 농촌 출신들이었고, 제대로 군사훈련을 받지 못하였으며 장교들도 지휘능력이 부족하였다.

메크렐런이 지휘하는 북군은 남부 연합의 수도 리치먼드를 공략하기 위해 15만의 병력을 투입하였으나 실패하였다. 남군은 전쟁 초반에 리 장군의 뛰어난 판단력과 면밀한 작전으로 북군을 '7일 전투' 끝에 격퇴시켰다. 그러나 전쟁 후반부에는 양상이 달라졌다. 이 남북전쟁 중 최대의 격전으로 불리는 게티즈버그 전투에서 남북 양군이 대치하는 전선은 5km까지 벌어졌다. 이곳에서 맹렬한 전투가 몇 차례에 걸쳐 되풀이되면서, 남・북군 공히 2만여 명의 전사자를 낼 만큼 막대한 인명손실을 입었다. 공업이 발달된 북부에 비하여 노예를 활용한 농업 위주의 남부가 인적(人的)・물적(物的) 자원에 있어서 훨씬 뒤쳐져 있었다.

한때 동부전선에서 남부군이 우세하였으나, 1864년 5월 북군은 새 총사령관 그랜트 장군의 지휘 아래 대공세를 개시하여 전세의 반전을 꾀하였다. 서부전선에서는 북군의 셔먼 장군이 포위작전과 우회작전을 전개하여, 남부군을 몰아내고 애틀랜타를 점령하였다. 전사자와 도망병 때문에 퇴로마저 차단되자 남부군의 리 장군은 더 이상의 저항이 부질없음을 깨닫게 되었다. 항복하기로 결심한 남군의 리 장군이 그랜트 장군에게 편지를 보내어 항복함으로써 전쟁은 끝을 맺게 되었다.

▌ 전쟁의 승패요인 분석

남 북전쟁에서 북군이 승리한 요인을 분석해 보면 다음과 같다.

*첫째, 북군은 고도의 심리전을 구사하여 승리를 쟁취*하였다. 북군의 셔먼 장군은 진정한 승리를 위해서는 남부 군대를 격멸하는 것도 중요하지만 전쟁의지를 꺾는 것이 더 중요하다고 판단, 남부 심장부 깊숙이 공격을 가함으로써 남부군의 가족과 친구는 커다란 충격을 받았다. 이에 남부군의 가족과 친구들은 절망과 낙심을 담은 편지를 군인들에게 보냈다. 절망적인 상황을 담고 있는 편지를 읽은 남부 군인들은 가족에게 충실해야 하겠다는 생각으로 선회하면서, 많은 이들이 가족, 친지들을 보호하기 위해 전선을 버리고 집으로 돌아가 버렸다. 이로써 남부군의 전력이 와해됨으로써 남부군이 항복하게 되고 남북전쟁은 종료되었다.

둘째, 북군의 시클스 장군의 용기 있는 용전분투상은 게티즈버그 전투의 전황을 크게 바꾸어 북군에게 승리를 안겨주었다. 미국 남북전쟁에 있어 남부군은 리 장군이 있어 초반에 승리했고 북군에는 그랜트 장군이 있어 최종적인 승리가 가능했다고들 하지만, 더욱 결정적인 것은 게티즈버그 전투에서 북군의 3군단장 시클스의 활약상이었다. 그는 말 위에서 군도를 휘두르며 진두지휘하던 중 날아온 파편에 맞아 말에서 떨어지게 되었다. 시

클스는 많은 피를 흘린 중상을 당했으면서도 "한 치도 물러 설수 없다."고 외치면서 오히려 병사들을 격려함으로써 북군 군인들에게 진한 감동을 줌과 동시에 승리에 대한 자신감을 고취시켜 북군 승리의 견인차 역할을 하였다.

셋째, 민주주의의 승리였다. 남부의 리 장군이 연승을 거두다가 첫 패배를 하자, 링컨은 이때를 놓치지 않고 노예해방(1865. 1. 1.)을 선언하게 되었다. 이 선언으로 북군 흑인들의 전의를 고양시켰다. 링컨의 흑인 해방선언은 북군 승리의 견인차 역할 수행은 물론 인간은 동등한 권리를 지니고 서로 평등해야 한다는 것을 강조한 선언으로 의미가 깊다.

📕 역사적 평가

남북전쟁은 전쟁사의 큰 획을 긋는 전쟁으로 여러 현대적인 기술 등의 등장으로 전쟁의 모습을 많이 바꾸어 놓았다.

먼저, **사진의 출현으로 전선의 모습이 민간인에게도 생생히 공개되었다.** 사진이 선전의 도구로 쓰였고 이때부터 국민의 사기와 전쟁지지에 대해 전쟁 입안자도 진지한 생각을 하기 시작하였다. 그리고 최초의 참호전이 등장한 것이 바로 이 남북전쟁이다. 연발화기의 등장은 서서 걸으면서 전진하는 종래의 전투양상을 변화시켰다.

현대 해전의 상징이라 할 수 있는 잠수함과 철갑선이 등장하였다. 그리고 철도와 전신이 발달하여 이에 의해 병력이 신속히 충원되었으며, 정보의 전달도 이전과는 비교할 수 없을 정도로 빨라져, 전황이 바뀜에 따라 작전이 시시각각으로 바뀌어 전달되게 되었다.

▌ 연구자 평가

남 부군과의 전쟁에서 북군을 승리로 이끈 그랜트 총사령관의 수석부관 출신인 셔먼 장군은 그랜트 장군이 남부군과 정면으로 대치할 동안, 심리전을 통하여 남부군을 혼란에 빠뜨림으로써, 결국에는 북군이 승리할 수 있는 기반을 마련하였다.

셔먼장군은 진정한 승리를 위해서는 남부군대를 격멸하는 것도 중요하지만 *남부군인들의 전쟁의지를 꺾는 것이 더 중요하다고 판단*하였다. 일단 국민들이 전쟁에 지쳐 염증을 느끼게 되면 군대는 반드시 무너져 버릴 것이라는 것을 잘 알고 있었다. 그러나 국민들이 견고한 의지를 가지고 있는 이상 그들은 계속 군대를 올려 보낼 것이며, 게릴라전을 통해서라도 전쟁을 지속시켜 나갈 것임이 분명하였다. 따라서 확실한 승리를 위해서는 남부의 생활기반에 막대한 타격을 가하여 전쟁의지를 꺾는 것이 필요하다고 판단하였다.

이러한 심리전을 수행하기 위하여 셔먼은 남부의 심장부로 진격해 나감으로써 남부군은 물리적·정신적 양면에서 큰 타격을 입게 되었다. 이로 인해 남부군인들은 전의를 상실하였고, 결국 이것이 남부군의 패배를 더욱더 부채질하게 되었다.

▌결 론

남 북전쟁은 연방정부와 연방에서 분리 독립을 주장하는 남부 11개주와의 전쟁으로, 북군이 승리함으로써 노예가 해방되고 남북이 하나 되어 미합중국이 탄생되었다. 이 전쟁에서는 남북군의 여러 장군들의 눈부신 활약이 돋보인다. 초반에는 남부군의 리 장군의 활약상이, 후반부에는 북군의 시클스 장군의 용기 있는 행동과 셔먼 장군의 심리전이 전쟁의 승리를 주도하였다.

먼저 시클스 장군은 자신이 피탄 되어 생명이 위독한 상황 속에서도 오히려 부하를 격려, 전의를 고양시킴으로써 북군 승리의 원동력이 되었으며, 우리에게 진정한 용기란 무엇인가에 대하여 일깨워 주었다. 전투는 항상 위험이 따르기 마련이고 언제 어디서 적탄이 날아와 우리의 생명을 앗아갈지 모르는 것이다. 그러나 피를 흘릴 각오도 없이 승리를 얻고자 하는 자는 반드시 피를 흘릴 것이며, 죽기를 각오하고 싸우면 반드시 승리한다는 것을 남북전쟁은 일깨워 주고 있다. 충무공 이순신 장군이 "죽기를 각오하고 싸우면 살 것이요, 살려고 애쓰는 자는 죽을 것이다."고 말했던 까닭도 여기에 있는 것이다.

그리고 셔먼 장군은 애초부터 전쟁 수행 의지가 얼마나 중요한 것인지를 잘 알고 있었기에, 적의 심장부를 타격하여 남부군의 가족들에게 충격과 공포심을 심어줌으로써 그 파장이 남부군에 전파되어 심리적으로 위축하게 만들었고 결국 남부군은 전쟁에서 패하게 된다. 셔먼 장군을 통하여 우리는 *전쟁을 수행하겠다는 의지가 얼마만큼이나 중요한지를 깨달을 수가 있다.* 결국 *남북전쟁에는 심리전, 시클스 장군의 용전분투상이 크게 작용*하였으며, 더불어 전쟁 도중 링컨에 의한 노예 해방은 *자유와 민주주의의 소중함을 깨닫게 하는 계기*가 된 것으로 평가할 수 있다.

> 항공력이 가지고 있는 잠재력의 극대화는 우리가 불가능하리라 생각하는 것을 항공력은 해낼 수 있다는 믿음에 바탕을 둔다. 우리의 사고는 항공력이 과거에 수행했던 것에 머물지 않고 모든 것을 할 수 있다는 것을 전제하여야 한다.
>
> — 와든 —

✝ "제국주의 시대"의 개막을 알린 제1차세계대전

■ 전쟁에 대한 총평가

제 *1차세계대전은 영국·프랑스·러시아 등의 연합국과 독일·오스트리아의 동맹국이 싸운 전쟁*으로, 사라예보에서 발생한 황태자의 죽음(1914. 7.)에 분개한 오스트리아의 세르비아에 대한 선전포고로 시작되어 4년간 계속되다가 독일의 항복으로 끝난 세계전쟁이다. 특히, 전쟁말미에 독일의 무제한 잠수함 작전에 공격을 받은 미국이 참전함에 따라 연합군은 풍부한 물자와 인력을 확보하여 독일을 비롯한 불가리아, 터키, 오스트리아 동맹군을 물리치고 승리하게 되었다. 1918년 11월 11일에 휴전협정이 맺어졌고 이어진 베르사유 조약에 의해 독일은 많은 영토를 잃게 되었으며, 세계사는 큰 변화를 일으켜 *국제연맹이 탄생하였고 러시아 로마노프 왕조의 붕괴와 공산당의 탄생*

을 불러오게 되었다.

이 전쟁으로 막대한 인명과 재산피해가 발생하였고 전장이 된 지역은 황폐화되었다. 전쟁은 끝이 났으나 강대국들의 야심과 마찰은 끊이지 않았으며 이는 훗날 또 한 번의 세계대전이라는 비극을 몰고 오게 되었다.

1 전쟁배경과 양국전세 비교

제1차세계대전은 20세기 초 인류가 경험한 최초의 세계전쟁이었는데, 그 **발발 배경에는 19세기 말부터 나타난 제국주의**가 있었다. 유럽과 미국, 일본 등은 독점 경제 체제로 진입하여 각국은 판로 개척을 필요로 했고, 이에 따라 해외에서 식민지 개척이나 세력권을 확대하기 위한 격렬한 경쟁을 전개하였다. 그 결과, 식민지의 분할이 당시 열강의 주요한 관심사가 되었다. 제국주의 열강의 대립의 무대는 발칸·근동지역으로 옮겨졌으며, 그 곳에서 대립의 주역은 영국과 신흥 독일이었다.

전쟁 중이던 당시의 세계정세를 살펴보면, 영국·프랑스협상(1904)에 의하여 두 나라는 세계 각지에서 대립을 해소하고 상대국의 보호령을 인정하기로 협정을 맺었다. 이어서 영국과 러시아도 러·일전쟁 후 중국에서의 대립이 완화됨에 따라, 또 독일의 근동진출과 이란에서의 입헌혁명이 직접적 계기가 되어 영국-

러시아협상을 성립시켰다.

이렇게 성립된 영·프·러 3국 간의 협상체제는 강대국이었던 그들의 세계 각지 식민지 지배체제를 유지하기 위한 힘의 과시인 동시에, 독일·오스트리아·이탈리아 3국 동맹에 대항하기 위한 외교관계였다. 3국 협상과 3국 동맹의 대립축은 영국과 독일로서 이는 세계시장에서 이미 우월한 지위를 차지한 식민제국과 그 경쟁에 뒤늦게 참가한 신흥 제국 간의 대립을 나타내고 있었다.

그러나 제1차세계대전 대립의 주역을 담당하였던 영국과 독일은 서로 예리하게 대립하면서도, 그 행동은 신중하였다.

이러한 대립 상황에서 전쟁의 불씨를 당긴 것은 보스니아 수도 사라예보에서 발생했던 오스트리아 황태자 페르디난드 공 부부의 암살 사건(1914. 6. 28.)이었다. 황태자 부처를 잃은 오스트리아·헝가리는 보스니아 내부 세르비아계의 조직이 사건의 배후라고 간주하고 세르비아 정부에 선전포고를 하였다.

세르비아는 우방국 러시아에 도움을 요청하였다. 이에 러시아는 슬라브계를 수호한다는 명목으로 군대를 동원하였고, 오스트리아를 지원한 독일은 러시아, 프랑스, 영국에 차례로 선전포고함으로써 유럽의 주요 국가들은 순식간에 전쟁의 소용돌이로 휘말려 들게 되었다.

이렇게 전쟁이 급박하게 진행된 것은 당시 각 나라가 첨예하게 대립 중이었고 서로의 이익이 복잡하게 얽혀 있었기 때문이다. 그러한 상황에서 페르디난트 황태자의 암살은 그야말로 도화선에 불을 댕긴 것이나 다름없었다.

전쟁 초기에는 '6주 안에 전쟁을 끝내겠다.'고 호언장담한 독일군 지휘관 슈리펜 장군의 동부의 러시아와 서부의 영국·프랑스를 상대로 적극적인 공세를 펼침으로써 전쟁은 독일 측에 유리하게 전개되었다.

하지만 시간이 흐르면서 독일은 동, 서 양쪽으로부터 공격을 받게 되었고, 독일군의 무제한 잠수함 작전에 공격을 받은 미국이 독일에 선전포고하면서부터 수세에 몰리기 시작한 독일은 결국 전쟁 발발 4년여 만에 연합국에 항복(1918. 11.)하여 전 세계가 휘말린 제1차세계대전은 막을 내리게 되었다.

▌ 전쟁의 승패요인 분석

|독| 일의 작전은 서쪽에서 프랑스를 먼저 굴복시킨 다음 동쪽의 러시아를 칠 계획이었다. 이는 독일 원수 슈리펜에 의해 기안된 계획으로 '슈리펜 계획'이라고도 불린다. 따라서 독일군은 프랑스로 침입, 파리로 육박하였으나 마른(Marne)의 싸움(1914. 9.)에서 진격이 저지되었다. 한편 동부전선에서는 독일군 힌덴부르크 원수의 지휘하에 타넨베르크에서 러시아군을 대패시켰다. 그러나 동·서 공히 독일군이 결정적 승리를 거두지는 못

하였으며, 곧이어 전쟁이 참호전으로 바뀌면서 전선은 교착되어 양측의 지루한 공방전이 진행되었고 1000km에 달하는 참호진지를 쌍방이 구축하는 경우도 있었다.

이러한 공방전을 종식시키기 위하여 전쟁에 독가스, 잠수함, 전차 등의 신무기도 등장하기 시작하였다. 서부전선에서 독일군은 최초로 독가스를 영국군을 상대로 사용(1915. 4.)하였고 전차를 사용하여 연합군을 격퇴하였다. 이러한 신무기들의 위력에 힘입어 육상에서 독일군은 연합군에 우세할 수 있었다. 이 전쟁에서 신병기로 등장한 전차는 영국에 이어 프랑스, 독일이 각각 그 뒤를 이었다.

한편 육상에서와는 달리, 해상에서는 영국이 압도적으로 우세하였다. 독일 해군은 전력의 대폭적 증강에도 불구하고 영국에 비하여 수적 열세에 처해 개전 이래 북해에 갇히고 말았다. 중요한 해전으로는 도거뱅크의 해전(1915. 12.)과 유틀란트 해전(1916. 5.)이 있었는데, 영국은 해상을 확실하게 지배하였다.

하지만 이러한 신무기와 전투에서의 승리에도 불구하고 독일은 연합군에 패배하고 만다. 우수한 신무기와 탁월한 전투력을 가졌지만, 약한 동맹국들과 미국의 참전, 전략 자원의 부족 등으로 버틸 힘이 없었던 것이다.

✦ 역사적 평가

제 1차세계대전은 연합국과 독일 중심의 동맹국의 대결장이 되었으나 미국이라는 막강한 제3세력이 전장에 뛰어듦으로써 연합국 측의 승리로 끝났다. 상대적으로 취약했던 독일 중심의 동맹국 때문에 고군분투하던 독일은 대부분의 전투에서 승리하였으나 전술적인 승리를 전략적인 승리로 연결시키지 못했다.

독일이 연합국에 무조건 항복(1918. 11. 11.)함으로써 3000만 명(전사 1000만 명·부상 2000만 명)의 희생자를 낸 제1차세계대전은 4년 3개월 만에 종식됐다. 연합국은 독일을 전쟁의 원흉으로 낙인찍어 베르사유 강화조약(1919. 6. 28.)으로 단죄했다. 이 조약에서 독일은 알자스로렌 지방을 포함하여 영토의 6분의 1을 잃게 됐고 영국·프랑스의 틈바구니에서 겨우 확보했던 아프리카의 식민지들마저 상실했다.

거기에다 연합국은 독일에게 1320억 마르크의 전쟁 배상금을 물렸다. 이것은 독일 국민이 약 3년 동안 한 끼도 먹지 않고 모아야 갚을 수 있는 것으로 배상금의 상환은 처음부터 불가능한 것이었다. 뿐만 아니라 연합국은 독일에 대해서 강압적인 군비 제한을 하기로 했다. 즉 독일의 육군 총병력을 10만 명으로 제한하고 참모제도·징병제를 폐지하였으며 대포·군용 항공기 보유를 금지시키고 그리고 해군 전함과 병력을 극도로 제한했다. 향후 또다시 자신들을 위협할지도 모를 세력으로 자라남을 막기 위해서였다. 제1차세계대전은 유럽 열강의 이해관계 충돌에서 발단되었는데, 군국주의·제국주의의 악명은 패배한 독일과 동맹국 측이 떠안게 됐고 미국을 비롯한 연합국 측은 민주주의와 세계 평화의 수호자로 자처하게 되었다. 제1차세계대전 후에 영국·프랑스는 유럽의 강자로 군림하게 됐으며 미국은 세계무대의 중심에 서게 됐다. 반면 제정 러시아는 붕괴되어 소련이라는 공산주의 국가로 탈바꿈했다.

■ 연구자 평가

독일은 무제한 잠수함전의 개시를 선언(1917. 1.)하였는데, 이것은 영국 주변의 해역에서 중립국을 포함한 모든 나라의 상선을 무경고로 격침시켜 식량이나 원료를 수입에 의존하는 영국을 굴복시키려고 한 것이었다. 그러나 이 작전은 미국의 참전을 초래하였다. 독일의 잠수함은 이 작전에서 본래 계획을 상회하는 전과를 올렸으나 결국 무제한 잠수함전은 1917년 4월 미국의 참전을 야기했을 뿐, 실패로 끝났다.

패배가 엄습한 독일에게 있어, 승리할 수 있는 최후의 기회라고 할 수 있는 러시아혁명이 같은 해 3월에 일어났다. 러시아는 정치·경제 체제의 후진성 때문에 장기간 펼쳐진 총력전에 견디지 못하고 결국 3월 혁명이 일어나 차르 정부가 쓰러졌으며 11

월 혁명으로 소비에트 연방(소련) 정권이 성립하여 즉각 정전을 교전국에게 제안하였다. 러시아 혁명으로 인하여 제1차세계대전의 전선의 일각이 무너짐으로써 독일과 러시아는 같은 해 3월 브레스트리토프스크에서 평화조약을 맺었다.

러시아의 붕괴로 동부전선의 부담에서 해방된 독일은 서부전선에서 최후의 대공세를 폈다. 3~7월에 집중적으로 공격했음에도 불구하고 실패로 끝나자, 독일은 이 공격에서 힘이 소진된 반면 미군의 증원을 얻게 된 연합군은 반격을 할 수 있었다. 이제까지 '승리의 평화'를 주장하며 모든 타협을 거부해 오던 독일 군부도 이에 패배를 자인하고, 9월 말에는 연합국에게 휴전 제의를 하도록 정부에 제안하였다. 신내각은 미국 대통령 윌슨에게 '14개조'에 의거하는 화평개입을 제의하였다.

그러나 이 사이에 동맹군 측은 붕괴되어, 불가리아, 오스트리아, 오스만튀르크가 잇따라 항복하였다. 독일에서도 제정(帝政)이 붕괴되고, 혁명으로 수립된 임시정부는 연합국과의 휴전조약에 조인하였다. 이리하여 5년에 걸쳐 전 세계에 커다란 희생을 입힌 제국주의 전쟁은 2개의 혁명을 유발시키고 연합국 측의 승리로서 종결되었다.

▮ 의문점 해소

발 칸 지역은 일찍이 '유럽의 화약고'였다. 이곳에는 열강 러시아와 오스트리아가 진출하여 있었다. 러시아는 범슬라브주의를 내걸고 슬라브계 민족의 결집을 꾀한 반면에 오스트리아는 러시아의 영향을 우려해 독일의 지지 하에 범게르만주의를 주창하여 이에 대항하였다. 튀르크에 혁명(1908)이 일어나고 불가리아가 독립하자, 오스트리아는 슬라브인이 대다수인 보스니아-헤르체고비나를 병합하였다. 이에 불만을 품은 세르비아는 러시아에 지원을 바랐으나 러·일전쟁의 후유증에서 회복되지 못한 러시아는 오스트리아 배후의 독일과의 충돌이 두려워 독일의 오스트리아 병합정책 지지성명에 굴복(1909)하고 말았다.

이리하여 유럽의 일각인 발칸에서 제국주의 열강들은 자국의 세력 확장을 위해서 소국(小國)의 운명을 조종하여 세력 간의 대립을 격화시켰고 이곳에서 피어난 전쟁의 불꽃이 전 유럽을 휩쓰는 위험한 정세를 만들어 내고 있었다.

- 오스트리아 전쟁 주도설

종래의 정설은 독일이 오스트리아에 끌려서 참전하였다고 보았으나 근년의 연구에 의하면 오스트리아의 지도자를 독려하고 전쟁을 개시하도록 압력을 가한 것이 독일 측이었음이 밝혀졌다. 다시 말해 독일의 정부·군부 지도자들은 오스트리아와 세르비아의 전쟁이 러시아나 프랑스까지도 끌어들이는 유럽전쟁으로 확대될 것을 알면서도 국제적 고립을 타개하기 위해서 강경방침을 선택하였던 것이다. 더욱이 독일이 이 시기(1914)를 택한 것은 독일 측의 군비증강이 절정에 달하고 있는 반면, 상대국인 프랑스나 러시아는 1~2년 뒤에 군비증강이 이루어진다고 분석, 당시가 가장 유리하다고 판단했기 때문이다.

🔖 결 론

제 1차세계대전은 *최초로 전 세계가 전화로 물들은 전쟁*이었다. 그만큼 다양한 곳에서 여러 전투가 발생하였다. 각각의 전투에서 승패의 원인을 하나하나 논하기는 어렵지만, 주요 전투에서 승패를 갈랐던 요인을 살펴보면, 먼저 개전 초기에 독일의 강력한 진격을 한 달 만에 저지시킨 마른 전투가 있다. 이 싸움을 계기로 독일은 처음으로 패전을 경험하게 되고, 연합국 측이 전쟁에서 역전할 수 있는 발판을 마련하게 되었다. 이 싸움에서 *연합국이 승리할 수 있었던 것은 수적으로도 우세한 것도 있지만, 독일 측의 실책이 많았기 때문*이다. 먼저 독일 참모총장인 몰트케의 안이하면서도 우유부단한 태도, 그리고 독일의 통신수단 및 정보수단의 미흡 등을 들 수가 있다. 지도자는 전장에서 무자비할 만큼 냉정해야 한다는 사실, 그리고 완벽한 통신수단 및 지도체제를 구축해야 한다는 사실을 일깨워 주었다.

그다음으로 세계 전사에서 가장 치열했던 전투로 기록되는, 프랑스와 독일이 피를 말리는 싸움을 벌였던 베르됭 전투가 있다. 이 싸움은 승자도 패자도 없는 참혹한 전투였다. 즉 불투명한 전쟁 수행과정을 겪으면서 명쾌한 전략개념조차 찾아볼 수 없는 진지전에 불과하였다. 쌍방 간의 많은 인명피해가 있었지만, 엉성한 요새를 끝까지 지켜낸 것은 프랑스 군인들과 국민들의 순수한 정신전력의 승리라고 말할 수 있다. 10개월간의 치열한 전투로 양 진영은 엄청난 손실을 입었지만, 전선의 위치는 처음 전투가 시작되었을 때와 별반 다를 바 없었다.

한 가지 흥미로운 사실은 전쟁 중 연합국들 간의 전략적 공조가 거의 없었다는 것이다. 모든 연합국들이 참가한 군사회의가 전쟁 발발 1년이 지난 1915년 12월에야 처음으로 열렸을 정도로 전쟁은 연합국 각국이 각자의 주요 전선에서 싸우는 것이 대세였다.

제1차세계대전은 *제국주의 열강들 간의 갈등이 정점에 달하였던 시점에 오스트리아 황태자 부부의 암살이 도화선이 되어 터진 전쟁*이다. 이 전쟁에서 연합군은 초반에 자신들의 막강한 힘을 믿고 독일이 자신들을 향해서 칼을 갈고 있는 것을 신경 쓰지 않았다. 그 결과 연합군은 초반에 대패하였고, 많은 희생을 치르고서야 비로소 승리를 거둘 수 있었다. 아무리 *자신의 힘이 강하다 하더라도 결코 경계를 소홀히 해서는 안 된다는 것*을 말하고 있다.

또한 독일군이 프랑스로 진격했을 때 목숨을 걸고 파리를 지킨 파리시민들의 정신도 본받아야 할 것이다. 파죽지세로 진격했던 독일군을 상대로, 먹을 것이 떨어져 동물원의 코끼리까지 잡아먹으면서 끝까지 파리를 사수한 시민들로부터 참나라사랑의 정신이 어떠한 것인지를 배울 수 있었다.

항상 방비를 게을리 하지 않으면서도 전쟁이 일어났을 때 결코 물러서지 않는 강인한 정신력을 가져야 한다는 것, 이것이 바로 제1차세계대전이 우리에게 일깨워 주는 교훈이다.

> 전쟁에서 이기고 지는 것은 군사의 많고 적음에 달려 있지 아니하고 사람들의 마음가짐이 어떤가에 달려있다.
>
> — 김유신 —

현대의 전쟁

✝ 제국주의 몰락과 미·소 냉전시대를 동시에 연 제2차세계대전

■ 전쟁에 대한 총평가

포 슈는 1차대전을 종결하는 베르사유 조약의 체결 소식을 들고 *"그것은 평화가 아니다. 20년간의 휴전에 불과하다."*고 말했다. 그 후 20년이 지나자 세계는 또다시 끔찍한 전쟁에 휘말려 들고 말았다.

독일의 히틀러 등이 일으킨 제2차세계대전은 1939년 9월부터 1945년 8월까지 6년간 유럽, 아시아, 태평양 지역에서 독일, 이탈리아, 일본의 전체주의 국가들과 미국, 영국, 프랑스, 소련, 중국의 연합국 사이에 벌어진 *인류역사상 최대의 세계적 규모의 전쟁*이었다. 제1차세계대전이 끝났음에도 해결하지 못한 채 남겨둔 분쟁의 씨앗이 20년 동안의 잠복기를 거쳐 제2차세계대전을 발발하게 하였다. 제2차세계대전은 전쟁 지역도 유럽대륙 전역뿐만 아니라 태평양의 섬, 동남아시아, 북아프리카 등 세계 곳곳으로 전개되어 4천만~5천만 명의 사상자를 낸 가장 큰 전쟁이었다. 제2차세계대전은 *20세기 지정학적 역사의 분수령*으로써 소련의 세력이 동유럽 여러 나라에까지 미치는 결과를 낳았고 중국에서는 공산정권이 수립되었으며 세계의 지배력이 서유럽 국가에서 미국과 소련으로 옮겨가는 결정적 계기가 되었다. 또한 이 전쟁은 파시즘과 민주주의, 제국주의와 민족의 자주권 확립 투쟁이라는 복합적인 성격을 띠고 있었다.

독일의 러시아 침공, 사막의 여우 롬멜, 일본의 진주만 공습, 미드웨이 해전, 과달카날의 사투, 일본제국의 패망, 노르망디 상륙작전 등은 모두 제2차세계대전에 해당되는 내용이다.

▮ 전쟁배경과 양국전세 비교

1 929년에 불어 닥친 세계 경제 공황의 여파는 온 세계의 경제를 파탄으로 몰아넣었다. 그러한 경제 위기를 극복하기 위하여 미국은 뉴딜 정책을 실시하였고, 영국과 프랑스는 관세율을 높이는 등의 방법으로 자국의 경제적 이익을 꾀하였다. 이로 말미암아 제1차세계대전 이후 자본주의 경제의 기초가 튼튼하지 못했던 독일, 일본, 이탈리아 등은 심각한 경제난에 빠지게 되었다. 그럴 즈음 이탈리아에서는 무솔리니가 정권을 잡았고, 독일은 경제 위기와 사회 혼란을 틈타 히틀러가 정권을 잡아

재무장을 선언하였다. 또한 일본은 대륙 침략 전쟁을 일으켜 만주 지방을 점령한 다음 중·일 전쟁을 일으켰다. 그와 같이 경제 공황의 위기에서 식민지를 가지지 못한 독일, 이탈리아, 일본이 대외 침략을 통하여 경제적 위기를 벗어나려고 제2차세계대전을 일으켰다.

독일의 지도자들이 견지한 총력전과 전격전 전술은 유럽 국가들의 방어적인 태도와는 대립되는 것으로, 이는 결국 전쟁을 초기에 막을 수 있는 기회를 유럽 스스로 날려버린 셈이 되었다. 이 같은 상황에 대해 영국의 처칠은 그의 저서 <제2차세계대전>에서 자신의 생각을 밝히고 있다. ***사악한 자의 악의는 선한 자의 허약함 때문에 강화되었다.***"

▉ 전쟁의 전개

제2차세계대전은 1939년 독일의 폴란드 침공으로 시작되었다. 독일은 소련과 불가침 조약을 맺고 전차사단 판저(Panzer)부대를 전개시켜 기습적으로 폴란드 국경을 뚫고 들어갔다. 기습을 당한 폴란드는 불과 1개월 만에 독일·소련의 영토가 됐다.

이에 영국·프랑스는 대독(對獨) 선전포고(9월 3일)를 했으나 확전을 우려하여 직접적인 군사행동은 하지 못하였다. 그러는 사이에 러시아는 핀란드를 점령했고 독일군은 덴마크·노르웨이를 장악했다.

이때까지 공격보다는 방어 우위 사상에 젖어 있던 연합국은 적극적인 공격 대신 방어계획을 수립했다.

1940년 5월 9일 자정부터 시작된 독일 공군의 공습에 이어 네덜란드의 로테르담·헤이그, 벨기에의 에벤에마엘 요새와 알베르 강의 교량에 독일의 낙하산 부대가 투하되었다.

연합군이 방어에 급급하고 있던 사이 독일 주력군의 클라이스트(Kleist) 기갑군은 벌써 아르덴 삼림지대를 돌파하고 있었다. 최선봉 구데리안의 기갑군단은 프랑스 2개 군단 사이에 쐐기를 박았다.

잘 훈련된 독일군은 가히 전격전의 진가를 유감없이 보여주고 있었다. 특히 선봉인 구데리안의 진격은 너무 빨라 후속부대마저 따라가지 못할 정도였다. 이러한 독일군의 빠른 진격으로 인하여 프랑스군은 미처 방어진지도 편성하지 못한 상태에서 돌파당해 버렸고 영국군은 해안으로 밀리고 말았다. 마침내 연합군은 남과 북으로 양분되어 버렸고, 북쪽의 연합군은 유일한 보급·철수 항구인 됭케르크(Dunquerque) 만을 지키고 있었다. 독일군의 맹공격 속에서 연합군은 영국군 22만 명, 프랑스·벨기에군 11만여 명을 간신히 됭케르크에서 영국 본토로 철수시킬 수 있었다.

이후 독일군의 작전(1940. 6. 5.)은 본격적인 프랑스 본토에 대한 작전이었다. 독일군이 북프랑스로부터 내륙으로 깊숙이 밀고 내려감과 동시에 이탈리아가 독일 측에 참전을 선언하고 남프랑스 국경지대를 공격(1940. 6. 14.)하여 파리를 함락시켰다.

6월17일에는 파죽지세의 구데리안 기갑부대가 스위스 국경까지 돌파, 프랑스군을 양분하고 프랑스 최후의 방어선이었던 마지노선의 프랑스군 50만 명을 붕괴시켰다. 그러자 이날 프랑스가 독일에 휴전을 제시, 6월 25일 휴전이 발효됨으로써 독일은 불과 6주 만에 프랑스를 점령하게 되었다.

프랑스를 점령하고 영국 본토에 대한 공습을 늦추지 않던 독일군은 갑자기 불가침조약을 깨고 소련을 침공하기 시작하였다. 독일군의 뜻밖의 침공에 소련은 당황하여 수세에 몰렸으나 곧 전열을 정비, 반격을 개시하였고 서부 전선에서는 연합군도 독일군을 공격하기 시작함에 따라 독일군은 양쪽으로 공격을 받게 되었다.

1944년 사상 최대의 작전이라고 불리는 노르망디 상륙작전의 성공으로 독일군은 점점 후퇴하기 시작하였고, 소련군의 반격과 시베리아의 혹독한 추위로 인한 동부전선에서의 참패, 점령지에서의 레지스탕스 활동으로 인하여 계속 밀리던 독일군은 마침내 1945년 5월 8일, 연합국에 항복하게 되었고 세계대전도 막을 내리게 되었다.

1 전쟁이 미친 영향

<미국>

미국은 제2차세계대전의 결과로 세계 패권국의 지위를 얻게 된다. 2차대전으로 전 유럽이 쑥대밭이 된 관계로, 영국, 프랑스와 같은 기존의 강대국은 패권을 유지할 능력을 상실하게 되었다. 반면, 미국은 무기 수출로 큰 이익을 봤을 뿐 아니라, 전쟁에 참가하면서 군사적으로, 경제적으로 사실상 세계를 제패하는 결과를 가져오게 되었다. 전후 독일 등의 전체주의 국가들이 붕괴되면서 공산주의와 대립하는 자본주의 국가의 리더로써 영·프를 제치고 세계 최강국의 지위를 확립하게 되었다.

<영국>

제2차세계대전에서 영국은 대영제국의 저력을 과시하였지만 동시에 대영제국의 '비참한 몰락'을 겪어야 했다. 전쟁 중에 싱가포르를 일본에 빼앗기고, 영국 인도양 함대가 일본 해군에게 전멸당하면서 태평양에서의 영향력을 완전히 상실하였을 뿐 아니라, 독일군 폭격기의 영국 본토 폭격은 영국의 산업을 크게 후퇴시켰다. 또한 전쟁 수행으로 사용된 막대한 비용은 대영제국의 경제에 결정타를 입혀, 영국은 더 이상 제국을 지탱할 수 없게 되었다. 많은 식민지가 하나둘씩 독립하여 영국의 패권은 종지부를 찍게 되었다. 비록 승전국이지만, 영국은 대제국에서 이빨 빠진 사자로 전락하고 말았다.

<프랑스>

제2차세계대전 후 프랑스는 '자유 프랑스' 운동을 이끌었던 드골 장군이 급부상하여 권력을 장악하였다. 프랑스 역시 내전에 휩싸여 많은 식민지를 독립시켜야 했지만, 알제리와 인도차이나 반도 등지에서의 지배권을 계속 유지하였다. 하지만, 프랑스는 영국과 다른 길을 걷는다. 똑같이 제국이 붕괴되었고, 타격을 입었지만, 영국은 미국의 패권에 의지하는 방식을 취한 반면 프랑스는 독자 노선을 걸으면서, 미－소 간의 대립 중간에서 제3세력의 리더를 자처하게 되었다. 세계 여론의 반대에도 불구하고 *프랑스의 드골은 핵실험을 계속하고 군비를 강화시켜, 제3세계의 리더의 지위를 확립*하였다.

<소련>

2차대전 이후 세계를 미국과 양분, 사회주의 국가의 리더로 부상한 소련은 2차대전에서 비록 엄청난 피해를 입었지만 독일을 패배시키는 데 결정적인 역할을 수행하였다. 영·프와 같은 강대국에 의존하지 않고 내부에 독자생산 능력을 갖추고 있었으며, 영토를 계속 유지했을 뿐 아니라, 미국으로부터 막대한 물자의 지원을 받아 국가 유지에 어려움이 덜하였다. 이로써 소련은 영국을 제치고 *미국의 라이벌로써 세계 최강국의 지위에 올라 냉전시대에 주도적인 국가가 되었다.*

<중국>

중국은 제2차세계대전 이후 내전에 휩싸이게 된다. 일본에 대항하여 연합전선을 구축했던 국민당과 공산당은 서로 대립, 공산당이 국민당을 몰아내고 대륙을 장악하게 되었다. 이후, 중국은 엄청난 인구와 영토에서 나오는 생산력을 바탕으로 군사 대국화의 길을 걷게 되었고, *미국, 소련 다음가는 강대국으로써의 지위를 얻게 되었다.*

<독일>

독일은 나치즘의 몰락과 함께 동서 분열의 시대를 맞게 되었다. 무엇보다, 연합국은 독일이 또다시 전쟁을 일으킬 것을 두려워하였다. 독일은 미·영·프 연합 점령지역과 소련 점령지역으로 나뉘어 동서로 분단되는 아픔을 겪게 되었다.

<일본>

일본은 태평양에 가지고 있었던 모든 식민지를 상실하고, 동아시아 세계의 공적으로 낙인찍히게 되었지만, 지정학적 위치가 미국으로서는 양보할 수 없는 것이었기에 미국은 일본을 자기의 패권 하에 두었다. 소련은 일본을 상대로 한 전쟁에 늦게 참가하였기 때문에 일본 영토 분할 요구를 강하게 주장할 수 없었음에 따라 점령지역을 근거로 한반도를 분할하게 되었다.

전쟁 후 폐허가 된 일본이 미국의 주도하에 강국으로 다시금 부흥하게 된 것은 한국전쟁이 발발하면서부터이다. 한국 전쟁 때

미군이 일본에 주둔하면서 필요한 물자를 일본으로부터 공급받았고, 이 때문에 *일본은 경제 대국의 길을 걸을 수 있게 되었다.*

<이탈리아>

이탈리아는 전쟁 도중 무솔리니의 파시즘 정권이 붕괴되고 공화정이 들어서게 되었다. 이후 생긴 임시정부는 독일에 선전포고를 하는 등 추축국과는 다른 길을 걸었고, 덕분에 *다른 추축국들과는 달리 상대적으로 덜한 제제를 받았다.*

■ 연구자 평가

인 류 역사상 최대의 비극이라 일컬어지는 6년간에 걸친 전쟁에서 약 5,000만 명에 이르는 사상자가 발생했고 1조 1,540억 달러의 전비를 소비하였다. 이 전쟁이 참전국이나 그 밖의 여러 나라에 미친 피해는 너무나 컸기 때문에, 세계 사람들은 영원한 평화를 유지하기 위해 국제 연합을 만들기에 이르렀다. 세계는 미국을 중심으로 하는 자유 진영과 소련을 중심으로 하는 공산 진영으로 나누어지게 되었다. 특히 이 전쟁의 결과 우리나라는 남북으로, 독일은 동서로 분단되는 새로운 비극을 맞게 되었다. 그리고 아시아와 아프리카에서는 민족 운동이 활발히 일어나 독립국이 잇달아 생겨났다.

한마디로 요약하자면, *제2차세계대전은 현대사의 지도를 바꾼 전쟁이었으며 이 비극적인 전쟁을 통하여 유럽 제국주의 국가들의 몰락과 미·소의 급부상과 냉전 시대의 시작*이 이루어지게 되었다.

■ 결 론

제2차세계대전 직전 유럽 각국의 정치 지도자들은 독일의 히틀러에게 기선을 제압당하여 자신의 목소리를 내지 못하고 있었다. 앞서 겪었던 제1차세계대전과 같은 대규모 전쟁이 다시 발발하는 것을 두려워한 나머지 히틀러에게 비굴하게 평화를 구걸하였다. 그 결과 제1차세계대전보다 몇 배나 더 뼈아픈 세계대전을 겪어야만 했다.

그들은 국가의 자존심을 포기하고 평화를 유지하는 조건으로 독일에 당근만을 사용했다. 독일인들을 공손히 대접하면 점잖게 처신할 것이라고 잘못 생각하였다. 그러나 히틀러는 외국 정치가들이 생각하는 그런 인물이 아니었다. 이미 유럽을 자신의 손아귀에 넣겠다는 확실한 목표가 있었고, 준비를 차근차근 하고 있었던 것이다. 하지만 유럽의 정치가들은 채찍을 사용하지 않으면 안 될 때에 상대를 자극하게 되면 어떤 일이 발생할지 모른다고 국민들을 겁주면서 더 많은 당근을 퍼주었다.

결국 히틀러는 전쟁을 싫어하는 유럽 각국의 지도자들로부터 많은 양보를 얻어냈다. 감당할 수 없는 조건을 걸어 트집을 잡았고, 자신이 내건 조건을 거부하는 것을 구실로 군대를 동원했다.

전쟁은 내가 원치 않는다고 일어나지 않는 것이 아니라 적(상대)이 원치 않아야 터지지 않는다.

제2차세계대전은 4천만~5천만 명의 사상자를 낸 인류역사상 가장 큰 전쟁으로 20세기 지정학적, 역사적 분수령이 되었다. 이 전쟁으로 인해 소련의 세력이 동유럽 여러 나라까지 확산되는 결과를 낳았고, 중국에서는 공산정권이 수립되었으며 세계의 지배력이 서유럽 국가에서 미·소로 옮겨가는 계기가 되었다.

전 인류를 전쟁의 소용돌이로 몰고 간 비극적인 전쟁이 이 지구상에서 더 이상 발생하지 않도록 평화는 우리 스스로 지켜야 하며, 평화를 위협하는 세력에 결코 굴복하지 않도록 철저한 경계와 교육훈련에 최선을 다해야 하겠다.

결국 *제2차세계대전은 무력으로 세계를 평정하려 했던 독일, 일본, 이탈리아에게 일침을 가하여 진정한 자유와 평화의 의미가 무엇인지를 일깨워 준 세계전쟁*이었다.

> 현대적이고 자율적이며 철저히 훈련된 공군이 있다 하더라도 공군만으로 충분하지 않다. 그러나 공군이 없다면 국가안보는 있을 수 없다.
>
> — 아놀드 —

✝ 기상변화가 사기와 직결된다는 것을 보여준 스탈린그라드 전투

◀ 전투에 대한 총평가

전사를 연구하면서 불문율로 전해오는 것 중에 *'러시아와 싸움하러 들어가기는 쉬워도 승리하고 나오기는 거의 불가능하다'*는 이야기가 있다. 이러한 이야기는 나폴레옹의 러시아 침공 실패에 이어 독일의 소련침공으로 야기된 스탈린그라드 전투에서도 또다시 입증되었다.

*스탈린그라드 전투는 제2차세계대전 당시(1942년 여름~1743년 2월) 스탈린그라드를 탈취하려는 독일군과 이를 저지하려는 소련군 사이에서 벌어진 전투*이다. 독일군의 소련침공으로 야기된 이 전투는 제2차세계대전 초반 독일의 우세를 잠재우는 전환점이 된 전투였다. 이곳에서 승리한 소련군은 연이은 패배의 수렁에서 완전히 빠져 나와 독일의 침공을 저지하였으며, 군의 체

계를 정립하는 계기를 마련하였다. 다시 말해 소련 군대는 스탈린그라드 전투를 치루면서 점차적으로 전술·전략·지휘 등 각 분야에서 조직적이고 체계성을 갖춘 군대로 변모해 갔다.

✿ 전쟁배경과 양국전세 비교

히틀러는 2차대전 이전부터 소련정복의 꿈을 불태워왔다. 그 이유는 히틀러가 독일이 더 큰 번영을 이루기 위해서는 소련 땅의 풍부한 자원을 이용해야 하고, 정치적으로는 공산주의를 격멸해야 하고, 인종적으로는 그가 증오하는 유대인들과 열등민족으로 간주하는 슬라브족을 제거해야만 한다고 판단했기 때문이다.

하지만 영·프와 전쟁을 앞두고 있던 독일로서는 앞뒤에 적을 만들 수는 없다고 판단, 소련과 불가침 조약을 맺게 되었다. 그러나 전쟁이 중반으로 넘어가던 1941년 6월, 독일군의 대병력은 불가침조약을 무시하고 소련 영토 내로 밀고 들어가기 시작하였다. 물론 히틀러도 나폴레옹이 러시아를 침공한 것이 가장 큰 실수라는 것을 알면서도 소련을 점령하지 않고서는 자신의 세계침략이 무의미하다는 생각에 부하들의 반대를 무릅쓰고 원정을 결심하였다.

초기 독일군의 맹공으로 히틀러의 야망은 이루어지는 듯했다.

장비·훈련·사기·지휘체계 등 모든 면에서 열세한 소련군은 독일군의 맞수가 되지 못하였고 6개월 동안 무려 4백만 명 이상이 포로로 붙잡히는 수모를 당했다.

독일 군부는 소련 지역이 워낙 광활하고 대규모 예비대를 보유하고 있어 단기간에 승패를 결정짓기는 어렵다고 판단했지만, 무적의 부대로 진격한다면 3개월 정도면 충분히 소련군을 섬멸할 수 있다고 과신하여 겨울이 오기 전 1941년 6월에 대군을 이끌고 소련을 침공하였다. 당시 소련군은 국경 근처에 158개 사단과 55개 기갑연대를 보유하고 있었고 독일군은 20개 기갑사단을 포함한 145개 사단을 거느리고 있었다.

하루에 60~80Km라는 신속한 속도로 전진하며 물밀듯이 치고 들어간 독일군은 레닌그라드(현 상트페테르부르크), 모스크바, 스탈린그라드(현 볼고그라드)의 3개 도시를 주요 점령 목적지로 지정하고 집중공격을 가하였으나, 나라를 지키겠다는 소련군의 완강한 저항, 예상보다 3배나 많았던 소련군의 병력, 후방에서 이루어진 연합군의 공격, 러시아의 살인적인 추위 등의 이유로 인하여 스탈린그라드에서 엄청난 병력을 잃고 원정에 실패, 연합군에 항복하고 만다.

🏴 전쟁의 승패요인 분석

전 쟁 초반 독일군은 집중포위 공격을 통하여 많은 소련 항공기를 지상에서 파괴하고, 전격적 전술로 엄청난 전과를 올렸다. 하지만 초기의 전과에 대한 과대평가로 인해 잘못된 판단을 함으로써 결국 전쟁의 패배를 초래하게 되었다. 이러한 독일군의 잘못된 판단으로 크게 두 가지를 꼽을 수 있다.

먼저 **독재권력자 히틀러의 과대망상과 자만, 그리고 오판이 독일군 패배의 가장 큰 이유**였다. 소련이라는 나라에 대한 무모한 적개심에서 독일은 전쟁을 일으켰지만, 객관적으로 평가해 보아도 쉽게 승리를 낙관할 수는 없었다. 이런 상황에서 서부전선에서의 전쟁을 마무리 짓지 못한 채, 다시 소련으로 진격한 것은 아무리 생각해 보아도 상식적으로는 이해하기 힘든 부분이다. 계획에 의해 유리하게 전쟁이 진행되어 겨울 이전에 전쟁을 종결시키지 않는다면 결국 승리할 수 없다는 사실을 알고 있으면서도 나폴레옹 패전의 전철을 그대로 밟게 된 것이었다. 러시아에서의 잇따른 패전에도 히틀러는 욕심을 버리지 못하고 계속 전쟁을 강행하여 결국 제2차세계대전에서 독일의 패망을 가져오게되었다. 여기서 우리는 전쟁에서 초심을 잃고 자만하면 반드시패한다는 것을 깨달을 수 있다.

둘째, **기상현상 변화가 전쟁 수행의 의지에 커다란 영향을 미친다는 것을 스탈린그라드 전투는 잘 보여주었다.** 러시아의 혹독한 겨울을 무시하고 진격한 독일군 진영에서는 너무나 추운 날씨로 인해 동상에 걸려 죽는 병사가 속출하였고, 탱크는 겨울 작전에 쓸모가 없었으며 식량사정조차 나빠지면서 굶주림으로 인해 독일군의 전쟁 수행 의지가 약화되었다. 또한 이것은 사기와 직결되어 결국 전쟁에서의 패배로 이어졌다.

이와 반대로 소련군이 초반 패전을 극복하고 독일군에 승리한 이유는 다음과 같다.

무엇보다 **명장들의 뛰어난 지략, 활약**이 있었다. 소련 최고사령관 주코프는 뛰어난 군사이론가로서 역사적 위인이나 군사이론가들의 저서를 탐독하였으며 걸출한 재능과 결단력을 겸비한 지휘관이었다. 그는 대담한 반격계획을 수립하고 엄격한 기밀유지책을 강구했으며, 그것을 빈틈없이 수행하여 작전지휘를 훌륭히 수행했다. 스탈린그라드 방면군 사령관 예레멘코는 필사적인 응급조치를 통해 휘하 병력을 장악하고 도시를 지키도록 했다, 그리고 제62군 사령관 추이코프는 장기간에 걸쳐 독일군에 포위된 상황 속에서도 끝까지 완강히 저항함으로써 독일군의 대부대를 묶어 놓았다. 세 명장은 훌륭한 쥐덫을 만들어 스탈린그라드의 승리를 이루어 냈다. 주코프는 '용수철', 예레멘코는 '덫', 추이코프는 덫에 걸어놓은 '치즈'의 역할을 각각 성공적으로 수행하여 독일군을 상대로 대승을 거두었던 것이다.

또한 **소련은 초반의 패배에도 불구하고 장기전을 수행할 잠재력을 가진 거대한 국가**였다. 공업력 대부분은 우랄산맥 너머 독일의 공격이 미치지 못하는 곳에 있었으며 이를 바탕으로 병력 자원생산을 꾸준히 증가시켰다.

*러시아인들의 조국 방위에 대한 정열과 그것에 따른 완강한 저항 역시 승리의 큰 요인*이다. 혁명을 성공시키고 사회주의 국가를 건설한 소련은 예상치 못한 독일의 기습 공격에 처음에는 효과적인 대응을 하지 못하였으나 곧 침략자를 몰아내겠다는 의지를 굳게 가지고 독일군을 몰아내는 데 성공하였다.

*소련군이 가지고 있던 우수한 무기들도 승리에 일익을 담당*하였다. 독일 역시 신형전차를 다수 투입하였으나 고장률이 높아 큰 역할을 하지 못하였다.

▮ 역사적 평가

1 9세기의 유명한 전략사상가 조미니는 19C 나폴레옹의 러시아 침공 실패사례를 통해 "러시아는 들어가기는 쉬우나 나오기는 어려운 나라"라고 말했다. 이는 방대한 국경을 가진 러시아를 침략하기는 쉽지만, 침략국은 결국 극도로 추운 기후와 험준한 지형으로 인해 그 나라를 정복하지 못하고 패배하고 만다는 뜻이다. 이를 입증하듯이 나폴레옹도 그러하였고, 2차 대전 때 소련에 침공한 히틀러의 군대 역시 스탈린그라드 전투 이후 계속된 패배의 길로 내닫게 된다.

■ 연구자 평가

스 탈린그라드 전투는 국가 지도자가 세계를 정복하겠다는 야심에 의해 내린 잘못된 판단과 기상변화에 대한 부적응이 전쟁패배와 직결된다는 것을 보여준 전투이다. 히틀러는 과대망상에 빠진 채 헛되이 전력을 낭비하였지만, 그에 반해 소련의 지휘관들은 잇따라 패전을 하면서도 동요됨이 없이 차분히 병력을 유지하면서 풍부한 자원을 바탕으로 대반격을 준비하였고, 소련군이 대반격을 실시하면서 독일군은 헤어날 수 없는 수렁에 빠져 버렸다. 한 번의 잘못된 판단이 전쟁의 승패를 결정지을 정도로 커다란 작용을 했던 것이다.

스탈린그라드 전투는 혈전이라 불릴 정도로 전투에서 쌍방이 입은 피해는 엄청났다. 가옥 4만 1천동, 공장 3천동, 병원 내지 학교 113군데를 포함한 도시의 99%가 잿더미로 변했으며, 인적 손실은 약 150만 명에 이르렀다. 소련군도 그 절반 정도를 잃었다.

■ 결 론

4 *년에 걸친 독일·소련 전쟁은 사상 최대규모의 지상전으로서, 이 전쟁에서 엄청난 사상자가 발생했다. 그중 스탈린그라드 전투는 제2차세계대전 전체를 통틀어 가장 격렬했던 전투였으며, 이 전투의 결과로 독일의 패배의 조짐이 나타나*

기 시작했을 정도로 전쟁의 향방에 큰 영향을 미쳤다. 히틀러는 초반 승리를 너무 과신하였으며, 스탈린 독재체제의 정치적 능력과 소련군의 예비대 동원능력을 너무 과소평가하였다. 소련군은 10개 사단이 전멸당하여도 그날 후방에서 10개 사단을 만들어 낼 수 있을 정도의 지원체계를 갖추고 있었다. 하나의 전체주의 국가가 또 다른 전체주의 국가의 능력을 과소평가한 것이다. 특히, 과거에 러시아의 살인적인 추위에 의해 나폴레옹 군대가 제대로 싸우지도 못하고 전멸되었음을 잘 알고 있었으면서도 히틀러는 섣부른 판단을 내려 똑같은 전철을 밟고 말았다.

우리는 이 전쟁을 통하여, 지휘관의 역량, 승리에 대한 강한 의지, 기상변화에 대한 철저한 대비 등이 얼마나 중요한지를 깨달을 수 있다.

> 항공기는 우리에게 적 정부, 산업지대, 그리고 국민들을 철옹성처럼 둘러싸고 있는 육군의 머리 위로 뛰어오를 수 있게 해 준다. 그리고 그렇게 하여 적의 적대 의지와 정책 그 자체에 직접적이고 즉각적인 타격을 퍼부을 수 있게 한다.
>
> ─ 리델하트 ─

✝ "치밀한 생쥐 몽고메리가 꾀 많은 여우 롬멜을 잡다." 알 알라메인 전투

▮ 전쟁에 대한 총평가

제 2차세계대전 당시 **독일이 북아프리카의 알 알라메인 전투에 패함으로써 전세는 급격하게 연합군 쪽으로 기울게 되었다.** 알 알라메인 전투에서 뛰어난 지휘역량으로 크게 활약한 영국의 몽고메리 장군은 '사막의 생쥐'란 별명으로 칭송받았으며, 비록 패하기는 했지만 독일군의 롬멜 장군도 뛰어난 지휘력으로 '사막의 여우'라는 별명을 얻었다. 이 전쟁은 이탈리아와 영국과의 싸움이었지만 이탈리아의 요청에 의해 독일이 참전하게 되었다.

◤ 전투의 배경과 전개양상

독 일이 서유럽을 석권하는 것을 유심히 지켜본 이탈리아
의 무솔리니는 지중해 지방을 장악하겠다는 생각으로
영국령 소말릴란드와 이집트에 대한 침공(1940. 8.)을 개시하였
다. 당시 북아프리카는 영국군 단독으로 작전을 수행하고 있는
실정이었다. 따라서 영국군은 이탈리아의 공격에 어려움을 겪을
수밖에 없었다.

하지만 이집트를 침공한 이탈리아는 보급품 및 탄약의 부족,
기동력의 부재, 지휘 및 행정능력의 결여 등 여러 가지 문제점을
나타내며 3개월 동안을 더 이상 진격하지 못하였다.

이처럼 이탈리아의 침공이 소강상태에 빠지자 병력을 충원한
영국군은 이탈리아군을 몰아내고(1941. 2.) 다시 북아프리카를 장
악하게 되었다. 이에 무솔리니는 독일의 히틀러에게 지원을 요청
하였고 *히틀러는 '전술의 천재' 롬멜(Erwin Rommel)을 지휘관
으로 하는 2개 기갑사단을 리비아에 파견*하게 되었다.

북아프리카에 상륙한 롬멜은 이탈리아군으로부터 모든 책임을
인수했다. 그는 가르치는 데에 재능이 있어 군사학교의 교직에
임녕뇌었으며 제1차세계대전에서 얻은 전투경험이 군인정신을
강조한 그의 사상과 결합하여 그가 지은 군사교본(보병공전술)의
핵심적인 내용이 되었다.

독일군의 지휘관인 **롬멜은 대담하면서도 치밀했고, 적의 약점을 교묘하게 파악, 이용하는 데 있어서는 따를 자가 없었던, 그야말로 '사막의 여우'**였다. 이러한 롬멜 장군의 등장은, 그의 명성만으로도 영국군을 패배주의에 빠져들게 할 정도였으며, 자신의 부대장 이름은 몰라도 롬멜의 이름은 알고 있을 정도였다.

롬멜 장군은 철저한 전략과 전술을 사전에 수립하여 전쟁에 적용하였다. 즉 정보부대를 십분 활용하여 영국군의 움직임을 정확하게 파악, 대응책을 마련하였고, 일단 한번 작전을 세우면 과감하게 추진하여 빼어난 성과를 거두었다. 롬멜은 작전지역을 넓게 이용하고 독일 기갑군단의 기동성과 화력의 우세를 최대로 활용하였다. 그는 언제나 선제공격으로 영국 탱크를 유인한 다음, 대전차로 엄호하며 기갑부대를 진격시켜 공격하였다. 또한 다른 지휘관들과는 달리 롬멜은 항상 최일선에서 전투를 진두지휘하였으며 이러한 그의 행동은 아군 장병들에게는 지휘관에 대한 존경심과 전장에서 물러서지 않는 정신을 고취시켰다.

롬멜의 눈부신 활약에 의해 퇴각을 거듭할 수밖에 없었던 영국군은 알 알라메인 지점에서 전력을 재정비하여 반격에 나섰다. **처칠 수상은 분위기 쇄신을 위하여 영국 제8군 기갑 사령관에 몽고메리(Bernard L. Montgomery)장군을 임명**하였다.

몽고메리는 8군 사령관으로 부임 이후 반격하라는 압력을 상당히 받았지만, 준비를 완전히 끝내고서 반격하기로 결심했다.

그는 부대를 재편, 부대원들의 사기를 증진시키고 전투력을 회복시키기 위해 노력하였다. 병력, 기갑전력, 항공전력이 적의 2~3배에 도달할 때까지 철저히 준비를 하고 정교한 기만계획을 세워 독일군에게는 남쪽으로 주력을 진격할 듯한 인상을 주어서 정보혼란을 가중시켰다. *항상 당당하고 자신감에 차 있었던 그는 전선에서 특출한 리더십을 발휘, 부하들과의 진솔한 대화를 통해 동참을 유도하고 화기애애한 분위기를 만들어 장병들의 자발적인 참여를 이끌어 내고자 하였다.* 그런 분위기 속에서도 부하들을 통솔함에 있어 언제나 인간적인 측면을 고려해 주었으며 인사는 적시·적재·적소의 원칙에 따라 공정하게 관리하였다.

이러한 조치들을 바탕으로 전쟁을 철저히 준비해 온 몽고메리는 알람·할파 지역에서 독일군을 맞아 자신의 능력을 마음껏 펼쳐 승리를 거두게 되었다. 영국군은 알람·할파의 승리로 사기가 충천하게 되었으며 전투에서의 패배와 자원의 부족을 겪던 독일군은 점차 북아프리카에서의 주도권을 영국군에게 내어주고 밀리게 되었다.

독일은 유럽 대륙에서 어려움을 겪고 있었고, 보급로인 지중해를 영국군이 장악하고 있어 독일 본국으로부터의 지원이 원활하게 이루어지지 않아 군수품과 탄약이 절대적으로 부족하였다. 롬멜 장군은 영국군의 공세에 안간힘을 쓰며 반격하였지만 결국 군수품 지원 부족에서 오는 전력의 차이를 극복하지 못하고 결국 항복하고 말았다.

1 전투의 승패요인 분석

영국 지휘관 몽고메리의 승리의 요인은 크게 네 가지이다. *첫째, 몽고메리 장군의 뛰어난 지휘통솔 능력*이었다. 그는 지휘관이 스스로 패전했다고 생각하기 전까지는 전투에서 결코 패하지 않는다는 철학과 강한 추진력, 언제나 당당함을 잃지 않는 자신만만함을 지닌 지휘관이었다. 그에게 계획을 강하게 실천하는 뚝심이 없었다면 영국군은 알 알라메인에서 또 한 번 크나큰 패배를 맛보았을지도 모를 일이다. 몽고메리는 부임하자마자 곧바로 장병들의 사기를 올리고 강한 기갑부대를 만들기 위하여 장기전에 대비한 보급·탄약품의 비축, 적의 공격이 예상되는 지점의 대전차포 진지의 강화, 실전을 방불케 하는 강도 높은 훈련의 시행 등의 조치를 단행하였다.

*둘째, 정보력의 대결에서 몽고메리가 롬멜보다 좀 더 앞서 있었는데, 몽고메리는 이를 활용, 고도의 기만작전을 사용하여 공격 방향을 적이 오판하도록 유도*하였다. 초반 롬멜은 우수한 정보부대와 장비를 통한 정보망의 우세를 앞세워 영국군의 전략을 파악, 승승장구하였으나 영국군이 독일의 암호장비를 탈취하게 되면서 전세는 역전되기 시작하였다. 그 후론 도리어 영국군이 전략이나 작전 등의 중요한 정보를 미리 알아내어 독일군보다 상대적으로 우세한 전략을 세웠다. 이러한 정보전에서 영국군의 승리는 철저하게 정보에 의지하여 전략을 세워오던 롬멜에게 커다

란 충격을 주었으며, 결국 영국군이 승기를 잡는 계기가 되었다.

셋째, 장병들의 자신감 회복이다. 몽고메리 장군이 처음 부임하였을 때, 영국군은 연속적인 패배와 여우같은 롬멜 장군과 싸워야 한다는 두려움 때문에 사기가 떨어질 대로 떨어져 있었다. 이런 상황에서 몽고메리 장군은 장병들에게 전쟁을 두려움 없이 받아들이도록 자신감을 심어 주었고 착실하게 병력을 재정비, 알 알라메인 전투 이전의 소규모의 전투에서부터 승리하기 시작하여 서서히 자신감을 회복하고 독일군보다 우세한 전력을 갖추게 되었다. 이러한 자신감의 회복에 힘입어 영국군은 전쟁에 대한 공포심을 극복하고 알 알라메인 전투에서 승리할 수 있었다.

넷째, 상하 간의 원활한 의사소통 체계를 형성하고 공과 사를 엄격하게 구분한 것이 지휘체계를 일사분란하게 하였다. 또한 말단 병사들에게도 무슨 일이 계획되고 진행되는가를 주지시켜 상하 간의 원활한 의사소통을 실현하고 부대훈련 및 전투에 자발적으로 열심히 참여하도록 하였다.

그가 가진 특유의 리더십으로 몽고메리는 편안한 병영 분위기를 조성하여 장병들이 자발적으로 훈련에 참여할 수 있도록 유도하였고, 인간적인 배려와 함께 직무에 있어서는 공과 사를 엄격히 구분하는 임무 배분으로 전시 군대에서의 효율을 높여 전력을 강화하고자 하였다.

결국 알 알라메인 전투는 지휘관의 뛰어난 통솔력과 장병들의 자발적인 훈련 참여, 탄약과 유류 등의 원활한 보급, 그리고 적보다 앞선 정보력에서 오는 적절한 전술의 운용 등에서 승부가 갈린 전투였다고 볼 수 있을 것이다.

▮ 역사적 평가

알 *알라메인 전투는 지휘관 개인의 역량이 돋보인 전투였* 다고 할 수 있다. 롬멜과 몽고메리, 각각 '사막의 여우' 와 '사막의 생쥐'라는 애칭으로 대표되는 두 지휘관들의 지략싸 움과 전략대결이 전투를 이끌었으며, 독일군이 영국군과의 전투 에서 패배한 시점도 마침 롬멜이 자리를 비운 사이였다는 점도 알 알라메인 전투가 다른 무엇보다도 '지휘관의 중요성'을 입증 하여 주는 사례라고 볼 수 있겠다.

▮ 결 론

앞 서 이야기한 몽고메리의 우직한 전술에 처음으로 참패 한 롬멜은 증원군과 보급품이 끊겨 시칠리아로 철군 (1943. 5.)함으로써 북아프리카를 연합군에게 내주고 말았다.

독일과 영국 간에 북아프리카의 주도권을 놓고 격돌한 알 알 라메인 전투를 통해서 우리는 *지휘관의 뛰어난 통솔력과 판단력, 전투에서 반드시 승리하고 말겠다는 장병들의 의지, 부대원들의*

사기를 높여 적극적인 동참을 유발하게 만드는 분위기의 조성, 적의 의도를 적보다 빨리 알아내는 정보능력 등이 전쟁에서의 승리를 보장하는 결정적 요인들임을 알 수 있었다.

또한 갈수록 정보화, 첨단화되어 가고 있고, 각 군대끼리의 정보전의 양상이 치열해져 가고 있는 현대 사회에서 알 알라메인 전투는 정보의 중요성을 잘 나타내어 주는 일화라 할 수 있겠다. 단순히 작은 정보의 유출일지라도 전쟁 상황에서는 승패에 치명타를 가할 수 있음을 간과해서는 안 되겠으며 지휘관과 장병 모두가 솔선수범하여 전투의지를 고취하는 것을 잊어서는 안 될 것이다.

공군과 육군의 첫 번째 중요한 차이점은 공군은 전술 범위 내에서는 병참선에서 독립되어 있으며, 대열의 측면이 없다는 것이다. 공군과 육군의 또 다른 차이점은 공군은 어떤 행동방침에도 구속되지 않는다는 점이다.

― 슬레시 ―

✝ 초반의 승리에 자만한 일본에 패배를 안겨준 태평양전쟁

1 전쟁에 대한 총평가

태평양전쟁은 *제2차세계대전 중 '대동아 공영권'을 노리던 일본이 태평양 지역의 주도권을 차지하기 위해 미국을 공격함으로써 시작된 전쟁*이다. 전쟁 초기에는 일본군이 진주만을 기습공격하여 전세를 장악하였으나 미드웨이 해전에서 패함으로써 결국 전쟁은 일본의 패전으로 끝나게 되었다.

진주만을 공습하여 승리한 일본은 전쟁 전체에 대한 자만심에 빠지게 되었고 미국은 전열을 정비, 반격을 가하여 미드웨이 해전에서 일본군을 제압하고 태평양전쟁에서 승리하였다. 태평양전쟁은 *일본군의 군국주의적 사고방식에 의한 개인희생을 감수하는 사생관이 커다란 영향을 끼친 전쟁*으로 정보의 중요성과 전장에서 경계철저의 중요성을 일깨워 주었다.

1 전쟁배경과 전개양상

1 930년대에 들어서면서 일본은 경제발전을 바탕으로 '부국강병'을 꿈꾸었지만 전 세계에 불어 닥친 경제공황의 영향으로 전쟁에 필요한 군수품 지원을 걱정하게 되었다. 그에 대한 해소 방안으로 중일전쟁을 일으켜 승리함으로써 중국에서 자원조달과 함께 대륙진출의 교두보를 확보하였다. 하지만 일본은 1차대전의 승전국들이었던 미·영·프 등의 강대국들이 많은 이권을 나누어 가짐으로써, 아시아의 신흥강국으로 선점할 이권이 거의 남아 있지 않은 상황에서 경제공황을 맞이하였다. 당시 일본은 태평양 지역의 이권을 차지할 기회를 엿보고 있었지만 이미 이곳은 미국이 이권을 차지하고 있어 미국은 일본의 야망을 가로막고 있는 장애물이었다. 그런데 미국은 아직 전시체제로의 전환이 이루어지지 않아 즉시 전쟁을 할 수 없었다. 반면 군국주의의 기치를 내걸고 있던 일본은 국가의 생존을 위해서 전쟁 준비가 완비되어 있었고, 4년 반 동안 중일전쟁을 통하여 얻은 실전경험을 바탕으로 일본은 아시아의 주도권을 잡기 위해 연합군을 상대로 전쟁을 시작하였다. 이처럼 일본이 전쟁을 결심한 데에는 유럽에서 동맹인 독일군의 전격전이 대승을 거두는 것에 고무된 것도 큰 이유를 차지하였다. 독일이 군사적으로 유럽을 석권해 가는 것을 보고 일본 역시 태평양 지역을 차지할 수 있다고 믿은 것이다.

먼저 일본은 전쟁의 기선을 제압하기 위하여, 미 태평양 함대가 모여 있는 진주만을 기습 공격하였다. 이 기습으로 미군은 전함 5척을 비롯하여 항공기 400대 이상이 싸우지도 못하고 파괴되는 사태가 발생했다. 이렇듯 일본의 진주만 기습은 큰 전과를 올렸지만 주미 일본 대사관의 착오로 대미 선전포고 이전에 이루어짐으로써 비겁하다는 비난을 받게 되었고, 미국의 분노를 유발하여 일본과의 전쟁에 적극 개입하게 되는 결과를 낳았다. 그리하여 유럽에서의 전쟁이 끝남으로써 태평양 지역에 집중할 수 있게 된 미국의 거센 대반격은 시작되었다.

전쟁 초반에는 진주만 공습의 성공에 힘입은 일본의 압도적인 우세였다. 일본군은 파죽지세로 연합군을 공격하여 전쟁 발발 4개월 만에 싱가포르, 필리핀, 미얀마 등의 아시아권 일대를 점령하였지만 병력 손실은 거의 없었다.

그러나 전쟁 개시 반년이 지나면서 태평양지역에 미국의 반격이 본격화되었다. 그 반격의 시발점이자 전쟁의 승패를 미국 쪽으로 끌어오게 된 계기가 바로 미드웨이 해전이었다. 일본군이 미드웨이 점령을 목표로 삼고 있음을 눈치 챈 미군은 미드웨이 섬에 대공화기를 건설하고, 전 해군력을 미드웨이로 집중시켜 반격의 채비를 갖추었다. 마침 일본의 항공기가 미드웨이 섬 공격을 위해 발진하여 항모가 비어 있는 사이 미군은 일본 항모를 급습하여 승리를 거두게 되었다. 이 해전을 기점으로 일본군은 더 이상 전쟁의 주도권을 잡지 못하게 되었다. 일본은 여기서 입은 손해를 도저히 회복할 수가 없었고 결국 이후에 벌어진 과달 카날 전투(1942. 8.~1943. 3.)와 뉴기니 전투(1942. 7.) 등의 불리한 소모전을 치른 후 제해권을 빼앗기고 말았다. 이후 일본은 미국이 중심이 된 육상을 통한 연합군의 반격으로 인하여 일본은 고전을 면치 못하다가 미국이 투하한 두 발의 원자폭탄으로 인하여 무조건 항복을 선언하게 된다.

◀ 전쟁의 승패요인 분석

일 본은 전쟁 초기에는 진주만 기습을 통하여 엄청난 전과를 올렸고 이를 토대로 전세를 유리하게 이끌어 나갔다.

일본 진주만 기습의 성공 요인은 다음과 같다.

첫째, 일본군의 철저한 사전 준비와 보안유지에 있다. 일본군은 불리한 전세를 만회하고자 진주만 기습을 계획하면서, 철저히 보안에 신경을 써서 작전이 유출되지 않도록 하였다. 이러한 보안유지가 가능했던 것은 그만큼 사전에 치밀한 전쟁 준비를 해왔으며 군국주의적 사고에 의한 개인적 희생이 반영되었기 때문이었다. 또한 일본군은 공습이 있기 몇 개월 전부터 전투기에 의한 공중 공습과 대함전에 대한 철저한 훈련을 실시하였고, 공습 당일은 완벽하게 준비가 완료된 상황이었다. 즉 완벽한 준비를 통해 대승을 거둘 수 있었던 것이다.

*둘째, 미군의 정신무장 해이에서 비롯된 안이한 경계 태도*를 들 수가 있다. 전쟁 발발 당시 미국의 주요 관심은 유럽의 전장에 쏠려 있었고 태평양 지역에 대한 관심은 그다지 높지 않았다. 게다가 미국은 일본군의 병력을 실제의 절반 정도로 과소평가하고 있었다. 또한 진주만 기습 당시 미군의 레이더에 의하여 대규모 일본 비행기들의 기동이 포착되었으나, 미국 군인은 이를 자기 부대 훈련기라고 단정 짓고 만다. 당시 당직 미군 장교는 근무에 태만한 채 외출준비를 하고 있어서 일본 항공기가 진주만 상공에 접근할 때까지 발각되지 않았다. 순간의 방심이 돌이킬 수 없는 엄청난 피해를 가져온 것이다.

*셋째, 일본인들은 전쟁의 승리를 갈망하고 있었고, 확고한 전승의지를 고취*하고 있었다. 일본군은 진주만 기습이 반드시 성공해야만 태평양 전쟁을 자신들이 원하는 방향으로 이끌어 갈 수 있음을 잘 알고 있었다. 미국이라는 나라가 가진 방대한 자원과 공업 생산력 때문에 장기전으로 진행될 경우 필패할 것을 분명히 알고 있었다. 따라서 짧은 시간에 공격을 집중해서 승리를 거두어야 했고, 그들은 투철한 필승 의지를 반영시켜 진주만을 기습적으로 공격하여 성공하게 되었다.

하지만 일본은 유리했던 전쟁 초기 상황을 끝까지 이끌어 나가지 못하고, 미드웨이 해전에서 패배하게 됨으로써 결국 태평양 전쟁에서 항복하고 말았다.

한편, 일본이 미드웨이 해전에서 패배하게 된 원인은 다음과 같다.

첫째, 일본은 진주만 기습에서 보여주었던 철저한 보안 태세와는 달리, *미드웨이 해전에서는 작전 상황 및 암호를 전부 미군에게 누출시키고 만다.* 암호를 담당하는 부대가 미군에게 발각되어 버린 것이다. 여기에서 정보전은 무형전력의 중요 요인의 하나이며, 정보누출은 전쟁 승패를 결정짓는 핵심요인임을 알 수 있다. '지피지기면 백전백승'이라는 고사성어도 있듯이 미국은 정보력을 동원하여 일본군의 규모, 이동상황 등을 정확히 파악할 수 있었기 때문에 승리할 수 있었다.

*둘째, 초반에 승승장구한 일본군은 자만하여 승리감에 도취*되어 있었다. 진주만 기습의 큰 승리로 드넓은 태평양 바다를 자기 집 안방인 양 누비고 다니던 일본 해군 장병들은 미군의 존재를 전혀 두려워하지 않을 정도로 방심하여 정신상태가 해이해져 있었다. 적 병력에 대한 정보수집도 제대로 이루어지지 못하였다. 미드웨이 해전 당시 일본은 미군의 항모 요크타운 호가 침몰한 것으로 알고 있었으나 요크타운 호는 이미 수리된 상태였고 적 항모의 보유를 염두에 두지 않았던 일본군은 커다란 타격을 입고 말았다. 미드웨이 해전 당시에는 대규모 항공모함과 함대를 지킬 전투기를 남겨 놓지 않은 채, 폭격기를 전부 미드웨이 섬 폭격에 출동시켜 결국은 미국의 역습을 받아 일본이 자랑하던 대함대를 모두 잃고 참패하게 된다.

셋째, 지휘관의 우유부단함이 결정적인 공격의 시기를 놓치고, 적의 공격을 받아 함대를 잃어버리는 결과를 초래하게 된다. 미드웨이 해전 당시 총지휘관인 나구오 중장은 무기를 장착한 공격부대의 공격을 1시간가량 늦추게 되면서 기다린 결과, 미 폭격기의 공격을 받게 되어, 귀중한 항모를 잃고 패배하게 된다. 지휘관의 냉철한 상황 판단과 결단이 얼마나 중요한지를 일깨워 준 전투라 할 수 있겠다.

◢ 역사적 평가

일 본군이 진주만을 공격한 지 2년이 지난 다음에야 비로소 미 해군이 본래의 제해권을 회복할 정도로 일본의 진주만 기습은 미 해군에게 엄청난 충격을 주었다. 진주만에서 미군을 괴멸시킨 뒤 일본은 오랜 기간 동안 아무런 장애 없이 태평양을 누비며 작전을 수행할 수 있었다.

미드웨이 해전 이후에도 태평양전쟁은 3년 이상 계속되었지만, 미드웨이 해전은 태평양 전쟁의 분기점이 되었던 전투였다. 이 전투에서 미군은 진주만의 원수를 갚고 제해권을 가져옴으로써 일본으로 하여금 더 이상 그들이 원하는 대로 작전을 전개할 수 없도록 만들었다.

🔟 연구자 평가

평양전쟁에서 일본이 비록 미국에 비해 다소 약한 군사력을 가지고 있었지만 미국과 대등하게 전쟁을 할 수 있었던 것은 *반드시 승리하겠다는 정신력이 미군과 비교하여 훨씬 강했기 때문*이다. 일본이 비록 패전국이 되었지만 일본군이 보여준 가미가제 특공대와 가이텡이 보여준 자기희생 정신과 천황에 대한 충성심은 미국의 정신력을 이기고도 남았다.

일본의 진주만 공격 시 공격 개시 날짜를 일요일로 정하고, 공격항로를 감시가 뜸한 북태평양 항로로 정하였으며 상대의 전력을 파악하여 그에 따른 모의전투까지 실시하고 작전 개시 전까지 무전을 제한하는 등의 정보 누출방지와 같은 철저한 전쟁대비는 일본이 진주만 공격의 주도권을 잡는 데 큰 역할을 하였다. 또한 일본군이 성공시킨 진주만 공습은 전쟁사상 최초로 항공모함을 이용한 공습이라는 점에서 주목할 만하다. 처음으로 해전에서 전함 대신 항공모함이 주력으로 등장한 것이다.

반면 진주만 공습 성공 후의 일본군은 승리감에 도취되어 무전 남발 등의 실책을 범하며 자신들의 위치와 작전을 노출시켰으며, 결국 미드웨이 해전에서는 일본 특유의 치밀함이 보이지 않았다. 그 결과 일본군은 객관적 전력에서 앞서고도 미국에 대패하며 전쟁의 주도권을 빼앗기고 말았다.

이 두 싸움의 승패는 다르지만, 시사하는 바는 같은 것이었다. 두 싸움은 *유형전력이 열세라고 해도 정보력, 정신력과 같은 무형전력이 앞선 곳이 승리한다는 것*을 보여주었다. 다시 말해 비록 한 번 승리를 했다고 할지라도 자만하고 방심하여 자신의 모든 것이 노출되는 순간 전황은 언제든지 역전될 수 있음을 보여주었다.

▆ 결정적 승전 요인

미드웨이 해전 당시 미국이 승리를 거둘 수 있었던 *결정적인 요인은 바로 미 해군 정보부서에서 일본군의 암호를 해독하였기 때문*이다. 진주만에서 미 해군의 로슈포르 중령은 암호해독자로서 뛰어난 능력을 발휘했는데, 그는 일본군 교신에서 입수한 암호 가운데 반복해서 사용된 AF라는 문자가 그들의 공격목표라고 추측했다.

여러 가지를 종합하건대 그는 AF란 미드웨이임에 틀림없다는 결론을 내렸다. 하지만 확실치가 않아서 로슈포르는 기발한 시험을 시도했다. 미드웨이에 있는 물탱크의 고장을 평문으로 보고하도록 지시하자, 일본군 교신에서 AF의 식수부족을 알리는 내용이 포함되어 있었다. 이렇게 하여 일본군의 공격목표가 틀림없이 미드웨이라는 사실을 알게 되었던 것이다.

이러한 *정보의 빠른 습득과 그에 따른 적절한 판단 및 행동*으로 미드웨이 해전을 유리한 방향으로 이끌어 갈 수 있었으며 결국은 승리를 가져올 수 있었다.

● 결 론

태평양 전쟁을 통해서 전쟁 수행에 있어서 병력의 규모와 같은 유형전력뿐만 아니라 정보력, 정신력 등의 무형전력도 중요하다는 사실을 깨달을 수가 있다. 태평양 전쟁의 주요한 해전인 진주만 기습과 미드웨이 해전을 볼 때, 무형전력에 해당하는 미군의 안이한 경계태도와 방식, 일본의 정보누출이 전쟁 승패의 결정요인으로 작용하였음을 알 수 있다.

물론 무형전력만으로는 전쟁에서 승리할 수 없다. 태평양전쟁 후반부에 패색이 짙어진 일본군은 가미가제라고 불리는 자폭공격을 통하여 전쟁의 반전을 노렸지만 실패하고 말았다. 일본 무사도의 변형으로 정신력의 극치인 가미가제 특공대까지 투입하였으나 결국 전쟁 승패에 결정적 영향을 끼치지는 못했다.

우리는 태평양 전쟁을 통하여 *아무리 유형전력이 우세하더라도 경계를 소홀히 하거나 사소한 정보 하나를 유출하는 것이 엄청난 파장을 불러일으키고 급기야는 패전으로 이어질 수 있다는 사실을 숙지*하여, 무형전력 배양에 노력해야 하겠다.

📕 전쟁에 대한 총평가

북한의 기습공격에 의해 시작된 6 · 25전쟁 당시, 개전 초 열세였던 우리 국군은 낙동강 전선까지 밀렸지만, *낙동강 전선을 끝까지 사수함으로써 전세를 역전시키는 계기를 마련*하게 되었다. 만약 우리가 낙동강 전선을 끝까지 사수하지 못했다면 인천상륙작전의 성공과 9 · 28 서울수복의 기쁨은 결코 느끼지 못했을 것이며, 50여 년이 지난 지금 우리가 누리고 있는 삶의 풍요로움도 결코 보장받지 못했을 것이다.

우리가 결코 간과하면 안 될 것은, 이 모든 것들이 최후의 방어선이자 마지노선인 낙동강 전선을 끝까지 사수하다가 숨겨간 호국영령의 거룩한 희생정신이 있었기 때문에 가능했다는 사실이다. 대한민국 국군, 이역만리에 와서 자유를 수호하다 숨겨간

UN군, 그리고 군번도 없이 참전하여 장렬하게 산화한 학도의용군 등, 이들의 거룩한 희생이 있었기에 오늘의 우리가 존재할 수 있음을 결코 잊어서는 안 될 것이다.

▮ 전쟁의 배경과 전개양상

흔히들 '낙동강 전선'이라고 하면 6·25전쟁 당시 가장 치열한 전투가 벌어졌고 이 전선을 끝까지 사수함으로써 반전의 계기를 마련하였다는 것만 기억할 뿐, 만일 우리가 초개와 같이 목숨을 바쳐 지키지 못했더라면 한반도가 북한에 의해 적화통일 되었을 수도 있었다는 건 생각하지 못하고 있다. 하지만 낙동강전투는 북한의 무력 적화통일 달성 일보 직전의 상황에서 우리나라를 구한 전투로서 우리에게 커다란 의미를 지니고 있다.

이렇게 중요한 의미를 갖는 낙동강 전선에서 극적인 승리를 이룩한 데에는 여러 가지 요인이 작용하였다.

북한군의 기습공격과 병력, 장비 등의 절대적인 열세에도 불구하고 북한군의 남침을 지연시키면서 후퇴해 오던 유엔군은 한반도의 동남부에 위치한 낙동강을 최후 방어선으로 정하게 된다. 낙동강이 최후 방어선이 된 이유는 한반도 서부전선과 호남지역은 북한군의 진격이 용이한 평야 지형을 이루고 있었고, 한강,

차령산맥, 금강, 소백산맥 등 일련의 방어선이 차례로 돌파된 상태에서 적의 진출을 효과적으로 저지할 수 있는 자연 방어선으로는 낙동강 방어선이 더할 나위 없이 적합했기 때문이다.

경상남북도 경계산맥을 따라 험준한 고지군을 이용할 수 있는 밀양, 마산 동쪽에 이르는 정면 90Km의 데이비드 선은 북한군의 후방을 차단하기 쉽다는 이점이 있음에도 불구하고, 산악지대는 북한군의 침투가 쉬운 데다가 유엔군 명령의 횡적이동제약으로 화력 발휘가 곤란하였다. 또한 낙동강을 방어선으로 삼을 경우 *영일비행장 포기, 영남의 중심도시들이었던 대구·마산을 포기해야 하는 정치·심리적 요인이 작용하였다.*

북한군이 초반의 여세를 몰아 50년 7월 말까지 영덕 – 안동 – 함창 – 상주 – 김천 – 진주를 연하는 선까지 진출하여 아군의 낙동강 방어선에 대한 외곽포위망을 형성하자 김일성은 전선사령부가 있는 수안보로 내려와 해방 5주년 기념 및 전승축하 행사를 서울에서 개최할 수 있도록 8월 15일까지 부산을 점령하라고 지시하였다. 이에 따라 북한군은 국군과 유엔군이 낙동강 전선에서 방어태세를 강화할 시간적 여유도 주지 않고 급속도로 추격하여 낙동강 동남지역에서 유엔군 주력을 압박하고 있었다.

한편, 국군 및 유엔군은 낙동강 선에서 새로운 방어진지를 구축하면서 이 선을 최후의 저지선으로 선택, 끝까지 사수하기로 결정하였다.

맥아더 장군은 미 8군 사령부가 있던 대구에 와서 더 이상의 후퇴는 허용될 수 없음을 강력하게 시사하였고 미 8군사령관 워커 중장도 *"우리에게는 더 이상 물러설 방어선이 없으며, 적의 균형을 깨트릴 역습을 감행해야 하고 부산으로 철수하는 것은 최대의 살육을 의미하는 것이기에 …… 우리는 끝까지 싸우다가 같이 죽을 것이다."* 하고 말하였다.

이와 같은 불퇴전의 각오와 단호한 결의 아래 한·미연합군은 긴밀한 협동작전을 수행, 적의 포병화력과 전차를 제압하고 최대의 출혈을 유도하여 적의 공세기도를 분쇄하였다. 이러한 노력의 결과로 시간이 흐를수록 국군과 유엔군은 점차 안정되어 갔고 북한군은 점점 초조해지기 시작하였다. 그리하여 유엔군은 8월 초부터 9월 중순에 끈질기게 계속된 집중공세를 모두 격퇴하고 전황을 조금씩 아군 쪽으로 유리하게 바꾸어 나갔다.

그러나 유엔군은 8월 1일 밤 적 제1군단과 9월 2일 밤 제2군단의 맹렬한 공세로 개전 이래 최대 위기를 맞이하였고, 워커 장군은 한때 전 부대를 데이비드 선으로 철수할 것을 지시하였다. 적 제4·제9군단이 낙동강 돌출부에 침입하여 영산을 점령하였고, 제6사단도 함안까지 진출, 영천이 점령되고 대구는 3면에서 고립될 위기에 처해졌으며, 9월 5일 국방부, 육군 본부, 미 제8군 사령부가 결국 부산으로 이동하였다.

그러나 전선이 낙동강으로 옮겨진 후 미 제1해병임시여단, 미

제25사단이 북한군에게 역습을 개시, 영산과 마산 서부에 진출한 북한군을 격퇴한 후 방어선을 회복하였고 적의 제2군은 왜관－다부동－영천－안강－포항 선을 고전 끝에 점령하였으나 막대한 출혈이 동반되어 더 이상 진출하지 못하였다. 한편 영천에 침입한 북한군 제15사단은 국군 제8사단의 포위작전에 의해 섬멸되었다.

낙동강 전투의 결과 북한은 더 이상 전쟁을 치를 수 없을 정도로 전력을 잃고 말았다. 결국 유엔군은 9월 중순에 이르러 포항을 제외한 전 지역에서 본래의 방어선을 탈환하고 주도권을 확보하였다.

1 전쟁의 승패요인 분석

6 ·25전쟁은 북한군의 기습남침으로 시작되었으며 전쟁 당시 군사력에 있어서는 남한 병력 9만 5천, 북한 13만 5천 명이었고, 북한군이 Ｔ－43 소련제 전차 150대를 보유하고 있었던 반면 우리는 전차 한 대도 없을 정도로 북한은 압도적인 우세를 차지하고 있었다.

1950년 초 미국 국무장관 애치슨이 "한국은 미국의 직접적인 방위권 밖에 있다."는 성명을 발표함으로써 소련의 스탈린, 북한의 김일성이 남침을 하더라도 *미국은 한반도에 개입하지 않으리*

*라는 오판을 하여 전쟁발발의 빌미를 제공*하였다.

아무런 대비가 되어 있지 않던 국군은 밀리고 밀려 낙동강까지 이르자 더 이상 밀릴 수 없다고 판단, 수많은 희생을 치르면서 낙동강 전선을 사수하고 인천 상륙작전 성공, 서울 탈환을 거쳐 전쟁 개시 3여 년 만에 휴전상태에 이르게 되었다. 전쟁의 승패요인을 분석해 보면 다음과 같다.

첫째, 북한은 미 국무장관의 성명에 의해 한국전쟁에 미국의 개입이 없을 것이라고 판단했지만 미국은 공산주의자들의 침략을 그대로 두면 동맹국에 대한 신뢰를 잃고 아시아권이 연쇄적으로 공산화될 것이라 여겨 한국 지원을 결정하였다. 이와 연계하여 UN안보리에서는 UN군의 참전을 결의함으로써 한반도가 절체절명의 위기에서 벗어나는 계기를 마련하였다.

둘째, *UN군 총사령관인 맥아더 원수의 과감한 결단력에 기인*하였다. 낙동강 전선에서 피아간의 격렬한 공방전이 진행되는 동안 맥아더 장군은 모든 참모들의 반대에도 불구하고 조수간만의 차가 크고 침투 가능성이 희박하여 경계가 소홀한 인천 상륙을 결행, 성공을 거둠으로써 6·25전쟁의 승패를 역전시키게 하였다.

셋째, 최후의 방어선인 낙동강 전선을 사수하다가 숨져간 수많은 국군, 학도의용군, UN군 등 *무명용사들의 숭고한 나라사랑의 정신*이 있었기에 가능하였다.

한 가지 아쉬운 점은 낙동강 전선을 방어하고 인천 상륙작전에 성공하여 연합군이 압록강, 두만강까지 반격하였으나 중공군의 개입과 세계대전으로 확전을 우려한 미국에 의해 마지막 승리의 깃발을 세우지 못한 채 1·4후퇴를 했어야 했다는 점이다.

▮ 역사적 평가

일 명 워커라인(walker line)이라고 일컬어지는 낙동강 전선 사수가 6·25전쟁의 전개양상에 미친 영향은 지대한 것이었다. 낙동강 전선에서의 방어를 통해서 유엔군과 국군은 전황을 아군에게 유리한 방향으로 이끌어 낼 수 있었으며 인천상륙작전의 성공도 도모할 수 있었다. 피아 식별이 불가능했을 정도로 치열했던 아비규환의 전장 속에서 이 전선을 사수하기 위하여 많은 국군과 UN군이 희생되었다. 개전 초기 당시 병력과 장비 등 절대적인 열세에도 불구하고 낙동강 전선을 사수하기 위해 수많은 젊은 용사들이 장렬하게 전사하였다.

▮ 연구자 평가

필 사적으로 낙동강 방어선을 지켜낸 후 우리 군의 인천상륙작전 대성공으로 북한군은 후퇴를 거듭하게 된다. 이러한 점을 통해서 6·25전쟁에서 낙동강 전선이 갖는 의미는 생각보다 훨씬 크다고 할 수 있다. 만약 당시 낙동강 전선을 사수하지 못했다면 한반도 전체가 공산화되었을 것이라고 봐도 과언이 아닐 것이다. 그리고 우리가 결코 간과해서 안 될 것은 낙동강 전선을 사수하기 위해 수많은 호국영령이 순직했다는 사실이다. 북한군을 상대로 남한의 아들들은 목숨을 걸고 국가를 위해 싸워 호국의 별이 되어 장렬하게 산화해야만 했다. 만일 이들의 거룩한 희생이 없었다면 지금 우리가 누리고 있는 자유와 번영도 없었을 것이다.

♞ 결 론

맨 주먹, 붉은 피로 원수를 막아내고 장렬하게 전사한 호국영령의 혼이 아직도 낙동강 전선 지역에 서려 있음을 우리는 잊지 말아야 한다. 모든 면에서 열세였던 당시 상황 속에서 버팀목이 되었던 것은 *오직 적의 침략에 굴하지 않고 최후의 순간까지 조국을 지켜야 한다는 호국영령들의 불굴의 의지*였을 것이다. 이들의 불굴의 정신력이 오늘의 대한민국을 일구어 내는 초석이 되었음을 그 누구도 부인하지 못할 것이다.

한편 낙동강 전선을 얘기할 때 빠트려선 안 되는 것이 학도의용군의 활약상이다. 조국이 위기에 처하자 자원입대한 학도의용군들은 군번도 없이 맨주먹으로 적이 던지는 방망이 수류탄을 다시 집어던지며 혈전을 전개하다 장렬하게 전사하였다. 학도의

용군과 같은 젊은 무명용사들의 거룩한 죽음이 있었기에 결국 낙동강 전선을 지켜낼 수 있었고, 인천상륙 작전의 성공으로 이어질 수 있었으며 마침내 서울 수복도 가능했음을 우리는 잊지 말아야 할 것이다. 또한 이 같은 *호국선열들의 희생이 있었기에 오늘날 우리나라가 눈부신 성장을 이룩할 수 있었음을* 결코 잊지 말아야 하겠다.

또한 아직도 전쟁은 끝나지 않았으며, 외형적으로 남북 간에 평화로움을 유지하고 있지만 휴전은 언제든지 전쟁이 다시 시작할 수 있음을 뜻한다는 것을 잊지 말아야 할 것이다.

✝ 국민적 저항의지(정신전력)가 전쟁에 미치는 영향력을 보여준 인도차이나 전쟁

▮ 전쟁에 대한 총평가

인도차이나 전쟁은 제2차세계대전 이후 인도차이나를 다시 식민지화하려는 프랑스와 그에 맞서 독립을 하려는 베트남 간의 전쟁이다. 이 전쟁을 동·서 대립이라는 구조 속에 아시아의 공산화를 우려한 미국과, 아시아의 민족주의를 공산화에 이용하려고 배후에서 지원한 중국·소련의 대리전쟁의 양상을 띠었다.

인도차이나 전쟁에서 우리가 주목할 것은 비록 프랑스 군대가 기동력이 우수하고 최신 무기를 잘 갖추었다고 할지라도 다른 식민지에서 차출한 병사를 투입함으로써 전투의지가 약하였던 반면, 베트남 군인들은 전쟁에서 지면 외국인의 지배를 받아야 한다는 위기의식이 크게 작용하고 있었다. 뿐만 아니라 프랑스는 대단위 정규군 부대로 싸우는 반면에 베트남은 게릴라 전법에 의해 은폐, 잠복, 기습공격, 매복의 방법을 구사함으로써 프랑스 군대는 베트남 군대를 당해낼 재간이 없었다. 이러한 상황을 모두 종합해 볼 때 인도차이나 전쟁은 *베트남인들의 거센 저항의 지와 굳센 단결심으로 외형적으로 우세한 프랑스 군대를 물리친 전쟁*이라 하겠다.

이 전쟁의 결과로 베트남의 독립에 대한 강한 열망이 전 세계에 알려지게 되었으며 식민지 시대의 종언 역시 고하게 되었다. 강대국의 압제에 맞선 작은 나라의 자유의지와 저항정신이 빛나는 전쟁이라 하겠다.

▮ 전쟁배경과 양국전세 비교

1 9세기 말 이후 인도차이나 3국(베트남 · 라오스 · 캄보디아)은 프랑스의 지배하에 있었으나 제2차세계대전 중 일본군의 진주로 1945년 3월 이 지역에서 프랑스 세력은 무너지고 일본에 의한 친일정부가 수립되었다.

하지만 그해 8월 태평양전쟁에서 일본의 패망을 기회로 친일정부였던 안남(安南)의 완조(阮朝) 정부를 무너뜨린 베트남 독립동맹은 '베트남 건국의 아버지'라 불리게 되는 호치민[胡志明]을 주석(主席)으로 민주공화국의 수립을 선언하였다. 또한 라오스에서도 반프랑스 조직인 자유라오스가 결성되었고, 캄보디아에서는 총리 손곡탄(Son Nogoc Tanh) 등을 중심으로 3월의 독립을 재확인하였다.

그러나 인도차이나 3국에서 식민지 주도권의 부활을 꾀하던 프랑스는 베트남의 독립을 인정하지 않고 베트남군과의 군사충돌을 되풀이하였다. 마침내 북베트남에 주둔하고 있던 프랑스군의 전면공격개시(1946. 11.)를 계기로 양국 간에 전면 전쟁이 일어났다. 현대식 장비를 갖춘 프랑스군의 침공에 의하여 북베트남의 위에 지역이 함락되었지만, 베트남군은 프랑스의 무조건 항복 요구를 거부하고 산악지대로 지휘본부를 옮겨 철저한 항전태세를 취하였다. 이러한 필사적이면서도 끈질긴 저항 덕분으로 베트 바크 지방에서 프랑스군의 진격을 저지(1947. 가을)시켰고, 이후부터 전세는 베트남군의 우세로 돌아서기 시작하였다.

이 사이에 프랑스는 해외에 망명 중인 베트남 완조(阮朝)의 바오다이 황제를 주석으로 사이공에 친프랑스적인 베트남 정부를 세웠다. 그리고 그 군대를 프랑스군과 연합하여 전쟁을 지속함과 동시에 미국으로부터 지원을 받았다. 그러나 1950년 이후, 베트남군의 총반격에 직면하여 프랑스 · 바오다이군은 각지에서 전쟁의 주도권을 빼앗겼다.

한편 1945년 10월 캄보디아의 프놈펜에 진주한 프랑스군은 캄보디아의 독립 선언을 취소하고 프랑스의 세력 아래 두려했지만 국제 여론의 준엄한 비판을 받게 되어 전쟁의 속행을 포기하였고, 이에 따라 인도차이나 문제의 해결을 위한 9개국 국제회의가 제네바에서 개최(1954. 4.)되었다. 결국 5월 디엔비엔푸의 싸움에서 결정적인 패배를 당한 프랑스군은 제네바 회의의 결과 체결된 휴전협정에 조인함으로써 인도차이나에서 전면적으로 철수하였다. 이로써 베트남군은 프랑스를 자국에서 몰아내고 독립을 쟁취할 수 있었다.

◀ 전쟁의 승패요인 분석

식민지 시대 때의 주도권을 다시 회복하고 인도차이나를 통치하려 했던 프랑스였지만, 이미 *식민지 시대는 역사의 뒤안길로 사라진 후였고 베트남 국민들의 독립의지는 어느 때보다 높아져 있었다.* 이러한 상황에서 역사의 수레바퀴를 거꾸로 돌리려는 프랑스의 야심은 이루어질 수 없는 백일몽에 불과했다.

*전쟁에 참전한 군인들의 전투의지 역시 승패에 중요한 영향*을 끼쳤다. 프랑스군은 가급적 자국민을 전투에 참전시키지 않는다는 것을 원칙으로 삼고 주로 다른 식민지에서 차출한 병력과 용병들을 투입하여 전투를 치렀기 때문에, 기동력이 우수하고 최신의 장비를 갖추었다 하더라도 전쟁에 목숨을 걸 정도로 적극적이지 못하였다.

반면 베트남군은 100년 가까운 기간 동안 이어져 온 식민지

지배를 청산할 좋은 기회를 맞아, 더 이상 외세에 침략당하지 않겠다는 강한 의지를 가지고 있었다. 그들은 이번 전쟁에서 패배하게 되면 다시금 자신들의 삶의 터전을 외세에 빼앗기고 프랑스인들의 지배를 받아야 하기 때문에 빈약한 무기와 장비를 가지고도 목숨을 걸고 싸웠던 것이다.

아울러 *베트남군에게는 지형지물과 기후에 익숙하다는 강점*이 있었다. 베트남군은 익숙한 지형을 통한 게릴라전을 전개, 프랑스군에 큰 타격을 입혔으며 대단위 부대로 작전을 실시하는 프랑스군을 끝까지 괴롭힐 수 있었다.

■ 역사적 평가

베트남군은 전쟁에서의 승리로 인도차이나 대부분을 통치할 수 있게 되었다. 하지만 휴전 협정에 따라서 북위 17°선 이북은 베트남 민주공화국이, 이남은 사이공 정권이 관할하는 분단된 통치를 할 수밖에 없었다. 이는 동남아시아의 공산화를 우려한 미국이 프랑스를 지원하여 베트남의 지배력을 북위 17°선 이북으로 한정시키려고 했기 때문이다. 결국 베트남은 이후 통일을 달성하기 위해서 또 한 번의 전쟁, 즉 '베트남 전쟁'을 치러내야 했다.

■ 연구자 평가

프 랑스군은 주로 우세한 화력에 의존한 반면, 베트남군은 지형지물에 익숙한 것을 무기로 은폐·잠복·기습공격·매복공격을 활용했다. 8년간의 전쟁에서 프랑스군은 최고 55만 6000명까지의 병력을 동원하였으나 우세한 무기와 장비에도 불구하고, 교묘하고 결연한 자세로 싸우는 베트남군을 도저히 물리칠 수 없었다.

외세의 침략을 몰아내고 독립을 하겠다는 단호한 의지를 가지고 익숙한 지형지물을 적절하게 활용한 것은 베트남군이 상대적으로 전력이 우세한 프랑스군을 고국에서 몰아낸 가장 큰 원동력이었다.

■ 의문점 해소

- 호치민루트(Ho Chi Minh Trail)

전쟁기간에 북베트남과 베트콩이 이 길을 북베트남과 남베트남 그리고 라오스·캄보디아 사이의 연락과 수송 등에 이용했으며, 제2차세계대전 이후에는 게릴라들이 이용했다. 개중에는 프랑스 식민지시대부터 만들어진 것도 있으며, 안남산맥 등 라오스 국경 내에 있는 위쪽 경사면을 따라 도로나 오솔길이 약 480㎞

넘게 이어져, 이 길들을 이용하여 어느 곳이든지 보이지 않게 쉽게 접근할 수 있었다. 베트남인들은 몇 년 동안 산을 깎아 길을 만들 정도로 강한 인내심과 끈질긴 근성을 가지고 있었으며, 이로 말미암아 전력의 열세에도 불구하고 전쟁을 승리로 이끌 수 있었다.

결 론

우리는 인도차이나 전쟁에서 정신전력에 관련된 몇 가지 교훈을 얻을 수 있다. 첫 번째, *군이 국민과 얼마나 하나가 되느냐가 전쟁의 승패를 좌우한다는 것*이다. 두 번째로, *전쟁에서 승리하기 위해서는 사전에 철저한 정보 획득이 필요하다는 것*이다. 세 번째로는 *끈기와 인내가 결국 승리한다는 것*이다. 마지막으로 *전쟁에서의 사기의 중요성이 부각되었다는 것*이다. 압도적인 화력의 프랑스군은 위에서 언급한 정신전력의 부족으로 결국 약소국인 베트남을 제압하지 못했음을 기억해야 할 것이다.

특히 자기 병력을 과대평가하고 적의 능력을 과소평가하여 끝내 전쟁에서 패배하게 된 프랑스의 경우를 보면서 *어떠한 상황에서도 방심하지 말고 전력을 다해야 한다는 것*을 배울 수 있을 *것*이다.

✝ 외인부대에 의존해서는 결코 승리할 수 없음을 일깨워 준 디엔비엔푸 전투

◀ 전투에 대한 총평가

강한 정신력이 뒷받침되지 않고 전쟁 수행 의지가 약한 군대는 전쟁에서 반드시 패한다는 것을 보여준 전쟁이다. 프랑스가 베트남에 대한 식민통치권을 강화하기 위해 군사적 개입을 본격화하자, 베트남군이 식민통치로부터 벗어나 독립을 쟁취하려는 전쟁이었다. 프랑스는 베트남의 외형전력만 평가하고 지형적 특수성, 국민적 특성, 기후 등 다양한 요인에 대한 평가를 배제함으로써 결국은 베트남군에 패하고 말았으며, 이 싸움에서 패한 프랑스는 인도차이나 반도에서의 식민지 지배가 불가능하게 되었고, 베트남이 독립하는 데 결정적 계기가 되었다.

▆ 전쟁배경과 전개양상

미국, 영국, 프랑스 등으로부터 식민지 통치를 받던 나라들은 제2차세계대전이 종결되자 이 기회를 놓치지 않고 독립을 하려고 많은 노력을 기울였다. 물론, 아시아 동남쪽에 위치한 프랑스의 식민지인 베트남도 예외가 아니었다.

이러한 베트남의 의도를 알아챈 프랑스는 식민지 지배를 더욱 강화시키기 위해 최정예 병력과 화기를 추가로 배치하여 베트남의 독립을 저지하려고 했지만 이에 맞서는 호치민의 월맹 정부 총사령관 보 구엔 지압의 저항은 만만치 않았다.

1945년 9월 2일 호치민은 하노이에서 「독립선언문」을 낭독하며 '베트남 민주공화국' 수립을 선언하였다. 이 독립선언문은 미국의 독립선언문과 프랑스의 인권선언을 기본 바탕으로 하여 작성되었지만 아이러니하게도 베트남은 이후 30년간 이 두 나라와 독립을 위한 사투를 벌이게 되었다.

연합군이 태평양 전쟁이 끝나고 베트남에 주둔하고 있던 일본군의 무장해제를 목적으로 베트남 진주를 발표, 북위 17°선을 경계로 남부에는 영국군이, 북부에는 중국 국민당군이 진주하기 시작하였다. 이에 이미 일본군의 무장을 상당히 해제하고 실질적으로 통치권을 확보하고 있던 베트남 독립연맹은 연합군의 이러한 행동에 대하여 거세게 반발하였다. 연합군은 남부 베트남의 질서 회복을 이유로 베트남인의 무장을 해제하고 일본군의 포로로 있던 1천여 명의 프랑스군을 석방하여 재무장시켜 500명의 병력으로 '인도차이나 주둔군'을 편성, 식민지를 부활시켜 나갔다.

이러한 프랑스의 움직임에는 자국 식민지들의 독립에 영향을 미칠 것을 우려한 영국과 동남아시아에서의 이권 확대를 노린 미국의 지지와 지원이 있었다.

평화 협상을 앞세워 조금씩 베트남에서의 이권을 차지해 가는 프랑스와 외세에 저항해서 독립을 지키고자 했던 베트남 독립연맹의 충돌은 결국 전면전으로 번지게 되었고 미국이 프랑스를 지원하고, 공산 혁명을 성공시킨 중국이 베트남을 지원하기 시작, 전쟁의 규모가 확대되었다.

1953년 프랑스의 나발 장군은 베트남군을 격파하기 위하여 디엔비엔푸로 군대를 집결, 요새진지를 구축하게 하였다. 디엔비엔푸 분지는 베트남군의 지배지구 안에 위치한 분지로, 병력과 장비를 모두 공중으로 수송하여야만 했다. 우세한 병력을 자랑하던 프랑스군은 공중수송으로 충분히 보급을 할 수 있을 것이라 판단하였지만 이는 후에 프랑스의 가장 뼈아픈 실책 중의 하나로 평가받게 된다. 프랑스군은 정글로 둘러싸인 이 지역에 대규모 요새를 완성하고 베트남군을 격퇴할 준비를 하기 시작하였다.

프랑스군은 주로 도시를 중심으로 세력을 확보했으나 호치민은 지방과 농촌을 장악해 갔다. 월남사회는 낮에는 프랑스, 밤에는 베트남의 현상으로 이루어지게 되었다. 밤에 강행군을 하여야 했던 베트남군 병사들의 장비는 무기·탄약·삽 등으로 간단하게 구성함으로써 기동이 용이하게 하였다.

베트남군 사령관 보 구엔 지압은 프랑스군을 격퇴하기 위한 방법으로 3단계 작전론을 폈다. 제1단계는 아군이 충분하게 보강될 때까지 후퇴하고 제2단계는 중국군으로부터 장비지원을 받아 서서히 공세로 전환하고 제3단계는 프랑스군을 결정적으로 공격, 격멸한다는 것이다.

1954년 3월 13일, 베트남군은 드디어 총공격을 개시하였고 방심하고 있던 프랑스군은 대공세를 맞아 방어에만 급급할 수밖에 없었다. 다급해진 프랑스는 미국과 영국의 지원을 요청하였으나 양측 모두 자국의 사정과 중국의 본격 개입 등을 이유로 소극적인 지원만 해 줄 뿐이었다.

믿었던 공중수송 역시 베트남군의 공격과 대공포화에 막혀 이루어지지 못하였다. 베트남군은 장기간 포위전을 위해 장병들이 초인적인 인내력과 저항정신을 발휘하여 프랑스군의 발목을 꽁꽁 묶어버린 것이었다.

결국 베트남군은 필사적으로 포위망을 좁혀들어 프랑스군의 진지를 하나 둘씩 탈취하여 갔고, 최후에는 백병전까지 불사하여 결국 5월 7일 프랑스군의 항복으로 전투를 승리로 이끌어 내었다.

1 전쟁의 승패요인 분석

미국의 군사평론가 드루 미들턴은 '현대전의 십자로'에서 프랑스의 패전 이유를 *'적의 무력을 과소평가한 것이고, 다른 하나는 자국의 무력을 과대평가한 것'*이라고 기술하고 있다.

베트남군의 승리의 요인은 정글이라는 지역의 특수성과 유형 전력의 차이, 보급력의 차이 등 다양한 요인에 기인되지만 그중 에서도 특히 돋보이는 것은 *베트남군의 강한 정신력*이라 할 수 있다.

첫째, *베트남군은 오랜 세월동안 외세의 지배를 받으면서 숱한 탄압 속에서 살아왔기 때문에 반드시 조국의 독립을 쟁취해야 한다는 굳은 결의*를 하고, 호치민을 민족적 영웅으로 부상시키며 적극 지지하였다.

반면에 프랑스군은 자국인들은 외지에서 벌어지는 전쟁에 투 입되지 않는다는 법에 의해 원주민과 독일, 네덜란드, 알제리, 모 로코인 등의 외인부대를 편성하여 전쟁에 투입함으로써 베트남 군에 비해 단결력과 전쟁수행능력 면에 있어 나약한 면모를 가 지고 있었다. 이러한 나약한 면모는 그대로 전투로 이어져 프랑 스군은 죽을 각오로 공격하는 베트남군을 도저히 당해낼 수 없 었다. 결과적으로 프랑스 식민 지배를 벗어나려는 베트남인들의 강인한 의지가 전쟁 승리의 주요 요인이 되었다.

둘째, *상대에 대한 정확한 정보도 없이 전쟁을 감행한 프랑스는 애당초 패배가 예견되어 있었다고 해도 과언이 아닐 것*이다. 베트남군은 모든 곳에 존재하고 있지만, 어디에 어떤 규모로 위치하고 있는지 모른 채 공격을 감행하였기에 승리는 보장받을 수 없었던 것이다. 반면에 베트남의 보 구엔 지압은 정확한 정보망을 가지고 있었다. 프랑스군 병력배치를 훤히 꿰뚫어 계곡을 둘러싼 고지 일대에 대병력을 집결시킴으로써 공격을 용이하게 하였다.

셋째, *전쟁 수행에 있어서 프랑스의 전략 구사가 베트남에 제대로 먹혀들지 않았다.* 다시 말해 베트남이 게릴라식 전법에 의한 공산주의의 전형적인 전술인 담담하하 전법을 구사함으로써 프랑스 군대는 커다란 혼란에 빠지게 되었다. 낮에 이룬 전과가 밤이 되면 역전되는 상황으로 바뀌어 전략 구사의 커다란 효력을 발휘하지 못하였다.

넷째, *프랑스군은 베트남의 지형적 특성과 기후에 대한 무지로 전황전개에 큰 어려움*을 겪었다. 프랑스 군대는 항공기에 의한 지원과 보급을 지나치게 신뢰하였으나 정글이라는 지형과 우기가 겹치면서 항공기에 의한 공중지원이 여의치 않게 되어 보급은 예상치의 20%밖에 이루어지지 않았고 잔여 보급품은 오히려 베트남군 수중에 들어가 전력을 강화시켜 주는 결과를 조래하였다. 이와 같은 베트남의 지형적·기후적 특성은 프랑스로 하여금 작전구사에 치명적인 타격을 입혔다.

⚑ 역사적 평가

인 도차이나 전쟁 초기, 베트남 보 구엔 지압 군대의 공격으로 프랑스와 베트남 간 대전이 벌어졌는데, 결과는 프랑스군의 대참패였다. 천혜의 요새를 차지하고 있었고 프랑스가 자랑하는 정예군대를 참전시켰으나 참패하자 깜짝 놀란 프랑스 정부는 워싱턴에 도움을 요청, 오키나와와 필리핀에 주둔한 미 공군기지의 전투기를 출격시켜 대대적인 공습을 가한다는 소위 '독수리 작전'을 계획했다. 그러나 이 작전은 안타깝게도 확전을 우려한 인사들의 반대로 좌절되고 말았다. 다음은 이 전쟁에 대해 당시 상원의원이었던 케네디(John F. Kennedy)의 발언이다.

> "미국이 인도차이나를 끊임없이 지원한다고 해도 어디에 주둔해 있는지 존재의 흔적조차 찾기 어려운 베트남군을 이길 수는 없다. 적인 베트남군은 아무 곳에서도 눈에 띄지 않지만 모든 곳에 다 있다. 미국인이 '인민의 적'이라고 부르는 베트남군은 사실은 모든 사람들의 동정과 은밀한 지원까지 받고 있다."

이러한 케네디의 말을 분석해 보면 베트남 사람들은 똘똘 뭉쳐 외세의 지배를 벗어나고자 끈질기게 저항했기 때문에, 결코 외세가 이길 수 없다는 사실을 일깨워 주고 있다. 실제로 미국 역시 후에 베트남 전쟁을 일으켰지만, 베트남인들의 굳센 의지 앞에 결국 패배하고 말았다.

■ 연구자 평가

승 리에 대한 강한 의지력 차이가 결국은 승패를 결정짓는 다는 것을 보여준 전쟁이다. 오랜 세월 외세에 의해 핍박받아 온 베트남 사람들은 인도차이나 전쟁에서 이기면 자유를 얻어 살 수 있지만, 전쟁에서 지면 또다시 프랑스의 식민지가 되어 노예의 생활로 돌아간다는 절박한 심정으로 전쟁에 임한 반면 프랑스군은 대부분 외국인들로 구성된 용병이라, 돈을 벌기위해 전투에 참여하고 있을 뿐이었다. 그래서 승리를 추구하려는 열망과 의지가 베트남인들보다 약할 수밖에 없었고, 이는 곧 전투력에 그대로 반영되어 전쟁에 패하고 말았던 것이다.

또한 시대상황의 변화에 따라 식민지 시대가 저물어가고 있었음에도 식민통치를 포기하지 않으려던 프랑스의 과욕이 결국 주권을 얻기 위해 목숨을 바친 베트남을 이기지 못한 결정적 요인이 되었다.

이 싸움을 통하여 월맹은 프랑스의 지배로부터 벗어날 수 있었지만, 베트남인들은 다시 한 번 강대국인 미국과 싸우게 되었다. 하지만 목숨을 바쳐 조국을 반드시 독립시키겠다던 베트남은 결국 강대국인 미국마저 물리치고 그토록 바라마지않던 독립을 이루게 되었다.

✔ 의문점 해소

디 엔비엔푸 전투로 프랑스는 퇴각하고 베트남은 자유를 되찾았지만 그것은 이후 새로운 전쟁의 시작을 알리는 서곡이었다. 전쟁 상대가 프랑스에서 미국으로 바뀌었을 뿐이었다. 세계최강을 자랑하는 미국과 전개된 베트남전쟁은 미군의 철수 이후 1975년 4월 30일 친미적인 남부 베트남 정부가 무너질 때까지 계속되었다. 이 전쟁에는 우리나라의 청룡, 맹호, 비둘기부대 등 한국군도 파병되었다.

✔ 결 론

디 엔비엔푸 전투에서 프랑스군은 56일간을 버티다가 2200여 명의 전사자와 3000여 명의 부상자를 낳은 채 패배하고 말았다. 승리한 베트남도 2만 5천여 명이 사망하였다. 이 숫자는 베트남 전투요원의 절반 이상이 되는 숫자로 조국을 지키기 위하여 수많은 목숨을 바친 결과 얻어낼 수 있었던 승리였다.

이 전투에서 패배한 프랑스는 베트남에서 철군하고 이로써 인도차이나 식민지 시대는 막을 내렸다.

그 어떤 현대화된 군대와 막강한 우방의 지원이 있다 하더라도 목숨을 걸고라도 외침을 막아내겠다는 강한 열망 앞에서는 아무런 소용이 없다는 것을 일깨워 준 사례라고 하겠다.

또한 프랑스는 베트남과의 전쟁은 국제 공산주의에 대한 반공 전쟁이라고 선포하고 프랑스 세력의 허수아비나 다름없었던 바오다이 정권과 연합, 철저한 소탕전을 실시하였다. 하지만 인기 없는 바오다이 정권 수립으로 말미암아 민심을 잃고 작전상 많은 곤란을 겪게 되었다.

정글이 우거진 지형적인 특성은 물론, 독립에 대한 강인한 의지와 병력배치 현황을 꿰뚫는 정보력, 종잡을 수 없는 전략 구사 등으로 똘똘 뭉친 베트남이 프랑스군의 강력한 수비벽을 뚫기 위해 많은 사상자가 발생하였음에도 *국민적 단결로 결국에는 승리를 쟁취*하였다는 사실을 우리는 기억해야 할 것이다.

> 항공력은 전시와 평시 혹은 군사, 비군사 목적을 막론하고 국가가 보유한 항공역량의 모든 잠재력이다. 또한 항공력이란 지표면상의 제3차원 공간으로부터 혹은 그것에 의하여 군사적 힘을 투사시키는 능력이다.
>
> — 맥이삭 —

✝ 군 지도부의 타락과 정신적 부패가 전쟁패배로 직결된 베트남 전쟁

🔟 전쟁에 대한 총평가

인 도차이나 전쟁의 승리로 독립을 얻는 듯했던 베트남은 자신들의 주권을 지키기 위해서 또 한 번의 전쟁을 치러야 했다. 이번 상대는 세계 최강 미국이었다. 절대적으로 우세한 미국의 공격이었지만 *베트남 국민들의 자주 독립에 대한 의지는 여느 때보다 뜨거웠고 그 결과 미국을 물리치고 주권도 찾을 수 있었다.*

베트남 전쟁 당시 미국을 지지하는 자유 진영의 남베트남은 군 지도부의 부패로 국론이 분열되었고 싸워 이기겠다는 필승의 의지가 결여되어 있었다. 이렇듯 국민적 총화를 이루지 못한 상태의 베트남은 우방인 미국의 막강한 군사력과 화력 지원으로 북베트남에게 집중공세를 폈어도 '밑 빠진 독에 물 붓기'식의 아무런 효력을 발휘하지 못하고 패하고 말았다. 이 베트남 전쟁이야말로 『전쟁과 정신전력』이라는 책을 제작하게 된 계기를 마련해 준 전쟁으로서 아무리 *유형전력이 우세하고 수많은 화력지원을 한다고 해도 싸울 의지가 없고 국민들의 지지를 받지 못하면 결코 승리할 수 없음을 가슴 깊이 일깨워 준 전쟁*이라 하겠다. 또한 우리는 이 전쟁의 결과가 낳은 국제적 방랑자 'Boat People'을 통해 나라를 잃은 설움이 얼마나 큰 것인가를 깨달을 수 있었다.

▌ 전쟁배경과 양국전세 비교

베트남과 프랑스 간의 인도차이나 전쟁 이후 북베트남은 공산주의가 장악하고 남베트남은 자유진영인 미국에 의해 주도되었는데, 세계적으로 공산주의 확산을 막으려던 미국의 아이젠하워 대통령은 만일 남베트남이 공산화된다면 도미노 현상에 의해 인접한 나라들도 차례로 친공산주의 국가가 될 것이라고 우려하였다. 그래서 우선 남베트남을 지원하기로 결정하였다. 그래서 미국은 남베트남의 공산화를 막기 위해 연인원 260만의 병력을 파견하고 6만이 넘는 젊은이들을 희생시키면서 무차별 공격을 가하였다. 그러나 많은 피해를 입은 채, 정글지대에서 펼친 베트콩의 끈질긴 저항을 잠재울 수는 없었다. 미 공군의 무차별 공격으로 100만에 가까운 전사자와 130만 명의 부상자가 발생하였으며 베트남 전 국토가 황폐화되었다. 결국 베트남 전쟁에 대한 미국의 자체 평가 결과 아무리 물량공세를 펼친다 한들 도저히 승리할 수 없다는 결론에 이르러 미국은 베트남 전쟁 철수를 결심하게 되었다.

한편, 북베트남과 민족 해방전선은 불과 30만의 병력으로 100만이 넘는 사이공 정부군과 60만의 외국군에 맞서 싸워 승리를 거두었다. 이것은 자기들에게 익숙한 지형적 특색을 이용, 우거진 밀림 속에 땅굴파기 등의 게릴라전을 효과적으로 전개한 결과였다. 베트콩들은 자기들이 원하는 시간과 장소에서 전투를 벌이고 필요할 때는 언제든지 회피함으로써 주도권을 갖고 싸웠는데 이에 반해 미군은 일정한 전선 없이 싸우는 비정규전 방식에 숙달되지 않아 악전고투하였다. 또한 *베트콩들은 외세를 물리치고 인민을 위하였기 때문*에 국민적인 지지를 받고 있었으며, 무엇보다도 *정신교육의 중요성을 인식하여 철저하게 정신무장을 시킨 것이 전쟁 승리의 견인차 역할*을 하게 되었다.

▌ 전쟁의 승패요인 분석

 베트남과 미국이 수적인 우세와 고성능의 무기를 앞세웠으면서도 패배한 원인을 살펴보면 다음과 같다.

첫째 *남베트남의 패배는 지도층과 국민들 간의 일체감을 이루지*

못한 '국민적 총화의 결여'에서 우선 그 이유를 살펴볼 수 있다.

남베트남 군부의 부정부패에 기인한 리더십의 부재는 아무리 군사력과 화력이 우위에 있다고 해도 무용지물에 불과하다는 것을 여실히 보여주었다. 이미 베트남 국민들은 북베트남의 반미·민족주의 노선에 동조하였고 남베트남의 부정부패에 대한 불만이 고조되어 있었다. 다시 말해 아무리 첨단 무기를 보유하고 수적으로 우세하였다고 할지라도 지도부의 부패로 인해 군기가 문란해지면 첨단 장비들과 수적 우위는 무용지물이 된다는 것이다. 결국 이러한 점은 남베트남 패배의 가장 핵심적인 요인이 되었다.

둘째, **미국과 베트남 국민의 전쟁 수행 의지의 차이가 승패에 커다란 영향**을 주었다. 북베트남은 강대국인 미국의 전쟁의지를 꺾기 위해 총력을 기울인 반면 미국은 단순한 물리적인 힘, 즉 폭격세례를 통한 압력만을 가하려고 했으며, 목숨을 걸고 나라를 지키려는 북베트남 베트콩들에 비해 지도층에 대한 불신이 가득한 남베트남은 사회 각 계층의 의견이 대립하였고 국민적 의지 또한 와해됨으로써 패배는 이미 예견되어 있었다고 해도 과언이 아니었다.

셋째, **심지어 남베트남의 민중마저도 베트콩을 지지**하였다.

미국의 가세로 더욱 격렬해진 베트남 전쟁에서 민중의 지지는 추상적인 구호에 불과한 것이 아니라 전세에 커다란 영향을 끼쳤다. 남베트남의 민중은 사이공 정권의 가혹한 탄압과 미군의 저항을 받으면서도 베트콩에 대한 지지를 포기하지 않았다. 정글지대로 숨어든 베트콩이 불리한 전황 속에서도 지하 땅굴을 통하여 끈질긴 저항을 계속할 수 있었던 것은 전적으로 민중의 지지와 지원에 힘입은 것이었으며, 이러한 지지를 바탕으로 한 구정 대공세를 통해서 베트남전쟁의 전황을 뒤집는 데 성공하였다.

넷째, **북베트남의 정신교육의 중요성에 대한 남다른 인식과 그에 따른 철저한 교육은 베트남 전쟁에 큰 역할**을 하였다. 남베트남 민족해방전선과 북베트남은 1967년 2월 '68구정세력' 계획을 작성하면서 수도 사이공 등에서 군사적인 활동을 하게 될 베트콩들에게 새로운 활동방법을 교육하였는데, 그중 특히 과거 프랑스 식민지 종식을 결정지은 디엔비엔푸 전투를 기리는 정신교육을 강화하였다. 이러한 '디엔비엔푸' 정신교육을 통하여 정신 무장을 확고히 할 수 있었던 북베트남군은 성공적으로 공세를 펼수 있었고 프랑스 지배에서 막 벗어난 베트남 국민들의 외세(미국)에 대한 거부감을 베트콩에 대한 지지로 돌려놓을 수 있었다.

¶ 역사적 평가

역 사가들은 베트남 전쟁이 규모 면에서 세계대전 급은 아니지만 동원된 병력이나 사상자 수, 전쟁비용의 면에서는 제1차세계대전을 능가하였으며, 사용 탄약량과 투하 폭탄량에서는 제2차세계대전의 규모를 훨씬 능가하는 역사상 최대의 파괴전쟁으로 평가하고 있다.

구정공세를 겪은 후 미국은 비로소 유격전의 본질을 이해하게 되었다. *유격작전에서는 군사행동에 앞서 정치·심리전이 선행되어야 하고, 군사작전을 함에 있어서도 직접 적의 주력을 격파할 것이 아니라 적의 후방기지와 지하조직을 와해한 후 유격부대를 격파해야 한다는 것*이었다.

▮ 연구자 평가

베트남 전쟁은 남베트남 군부지도자의 타락과 국론분열 등의 총체적인 부실로 인하여 전쟁 시작 전에 이미 승패가 결정되어 있었다고 해도 과언이 아닐 것이다. 전투에 임하는 병사들의 눈빛이 필승의 신념으로 가득 차 있어도 전쟁에서의 승리를 보장받기는 쉽지 않은데, 전쟁할 의지가 없고 왜 전쟁을 하는지 이유도 모르며 국민들로부터 지지조차 받지 못한 상태로 전쟁을 치른다면 백전백패하리라는 것을 삼척동자도 다 알 수 있다. 다시 말해 베트남 전쟁은 첨단 무기를 보유하고 수적으로 우세하여 군사력과 화력의 우위에 있다고 해도 전쟁 수행의 의지가 약한 군대는 반드시 실패한다는 것을 보여주었다.

▌ 의문점 해소

베 트남 전쟁에 있어 놀라운 사실은 *미국이 역사상 처음으로 국제전에서 패배하였다는 사실*이다.

미국은 첨단무기와 연인원 260만 명을 투입하는 등 수많은 병력과 물자를 쏟아 부으며 베트남이 공산화되는 것을 막기 위해 노력하였으나 허탈감을 간직한 채 철수하면서 적지 않은 충격을 받았을 것이다. 한 가지 재미있는 사실은 남베트남 군인들을 제외한 주민들은 베트콩을 섬멸하는 데 가세한 것이 아니라 베트콩을 지원해 왔다는 사실이다. 게릴라 베트콩들을 지원하기 위해 '낮에는 월남, 밤에는 베트콩'으로 생활한 주민들이 상당수였다고 한다.

▌ 결 론

막 강한 군사력과 화력 집중공세에도 아랑곳하지 않는 끈질긴 베트콩들의 기습 공격 능력 앞에 미국은 무력감을 느꼈다. 미국은 월남전에서 더 이상 승리를 기대할 수 없을 뿐만 아니라 자칫하면 끝없는 전쟁에 휘말릴 수 있다는 비관적인 전망에 의해 눈물을 머금고 월남을 공산진영에 넘겨주게 되었다. 다시 말해 싸울 의지가 부족한 정권을 보호한다는 것이 너무 어렵다는 것과 게릴라전을 정규전 수행방식으로는 성공적으로 수행할 수 없다는 교훈을 얻으면서 1973년 월남을 포기했던 것이다.

베트남 전쟁이 우리에게 주는 교훈은 *전쟁에 있어 정신이 해이하여 군기가 문란하고 부패하며 국민적 지지를 받지 못하면 아무리 좋은 첨단 무기를 가지고 있다고 해도 전쟁에서 절대적으로 승리하지 못한다는 사실*이다. 또한 외세에 맞선 베트남을 보면서 아무리 무기와 병력이 열세라 하더라도 나라를 지키려는 강한 의지와 필승의 신념을 가지면 반드시 승리할 수 있다는 점을 배울 수 있다.

전쟁의 패배로 나라를 잃어 갈 곳 없는 보트 피플을 만들어 낸 베트남 전쟁의 교훈을 거울삼아 *유사시에 있을 수 있는 전쟁에 대비하여 경계를 철저히 해야 할 것*이다. 또 군복 입은 군인으로써 갖추어야 할 바람직한 정신자세가 무엇인지를 생각해 보아야 하겠다.

> 앞으로 세력 판도는 공중을 누가 먼저 장악하느냐에 달려 있다. 우리같이 일제의 강제지배를 받고 있는 한민족은 지상전보다 공중전을 통해 광복을 쟁취해야 한다.
>
> — 노백린 —

✝ 공격 없이 방어만 해서는 결코 승리할 수 없음을 일깨워 준 포클랜드 전쟁

🔰 전쟁에 대한 총평가

현 대전으로 오면서 무기는 점차 발전하여 살상력과 파괴력은 상상을 초월할 정도로 발전해 왔다. 1982년 4월경에 발발한 포클랜드 전쟁도 첨단 무기의 사용으로 대량의 인명·재산피해를 발생시켜 대표적인 현대전의 양상을 띠고 있지만, 이러한 첨단 무기의 사용이 반드시 전쟁의 승패를 좌우하는 것은 아니란 것을 보여주었다. *정치 지도자를 비롯한 국민들의 나라사랑 정신이 총화를 이룰 때 이것이 바로 전쟁 승패와 직결된다는 것을 보여준 것이 포클랜드 전쟁*인 것이다.

전쟁 결과 영국군은 전사 256명, 부상 2600명 그리고 전비는 22억 불이 소모되었으며, 아르헨티나군은 전사 670명, 부상 994명에 기타 생존자 전원인 0,951명이 포로가 되었으며, 60억 불가량의 막대한 전비를 소모하였다. 이 전쟁이 단기전임에도 불구하고 많은 인명손실과 최신의 함정 및 항공기의 파괴를 초래한 것은 레이더 유도 무기, 미사일의 사용 등 과학화된 현대전의 양상을 띠었기 때문이다.

❶ 전쟁배경과 양국전세 비교

포클랜드 전쟁은 *영국과 아르헨티나가 포클랜드 섬 영유권을 놓고 벌인 분쟁이 계기가 되어, 1982년 아르헨티나가 갑작스럽게 포클랜드 섬 침공을 감행하여 발생한 전쟁*이다. 포클랜드는 남아메리카 남단에 위치한 섬으로 양모 생산 이외에는 별다른 산업이 없는 곳이지만 전략적으로, 경제적으로 다양한 가치를 지닌 섬이었다. 아르헨티나는 포클랜드에 대한 영국의 '불법적 점유'를 비난하고 포클랜드 제도의 영유권을 주장했다. 당시 포클랜드 섬에는 불과 84명의 영국 해병만이 주둔하고 있었기에 전쟁 시작과 더불어 아르헨티나는 포클랜드 섬을 손쉽게 강점할 수 있었다.

영국은 침공을 당하자마자 즉각적인 조치를 취하였다. 외교적인 노력을 기울여 아르헨티나의 철수를 요구하였고, 유럽경제공동체국가들로 하여금 아르헨티나에 대한 경제제재를 가하게 하고 무기 수출을 금지하게 하였다. 여기에 세계 최강 미국까지 영국을 지지하고 나섬으로써 아르헨티나는 유·무형적으로 커다란 타격을 입게 되었다.

기습적인 공격으로 포클랜드 제도를 차지한 아르헨티나군은 방어만을 생각하고 공격을 전혀 고려하지 않아 영국군의 공격에 맞서 처음에는 어느 정도 버텨냈지만, 시간이 흐를수록 강공을 멈추지 않은 영국군에게 밀려 불리한 상황에 빠져들었다. 결국 전투력과 정신력에서 영국군에 비해 약했던 아르헨티나군은 패배하기 시작하였고 마침내 1982년 6월 14일 부로 아르헨티나군은 완전 항복하여 약 2개월간의 포클랜드 전쟁은 영국군의 승리로 끝을 맺었다.

▌ 전쟁의 승패요인 분석

당시 무기체계는 양국이 유사한 수준에서 지형적 이점을 가진 아르헨티나가 선제 기습공격을 했음에도 도리어 영국에게 패한 원인을 살펴보면 다음과 같다.

첫째, *전쟁을 치르는 지도자들의 정신 자세의 차이*를 들 수가 있다. 아르헨티나의 갈티에리 대통령은 계속되는 인플레로 인한 경제 침체와 실업자의 증가 등 심각한 국내 문제에 대한 국민들의 불만을 외부로 표출시키기 위하여 영국이 점령하고 있던 포클랜드 섬의 침략을 결심하게 되었다. 갈티에리 대통령은 영국의 대처 수상을 여자라고 깔보았으며, 영국이 더 이상 포클랜드 섬에 대한 관심이 없을 것이라는 착각을 하고 있었다. 그에 반해 영국의 대처 수상은 공격을 받은 후 재빠르고 강단 있게 외교적 · 군사적인 대처를 취하였고 영국의 각계 지도자들도 영국의 자존심을 지키기 위해서는 전쟁도 불사한다는 입장을 밝혔다. 이러한 지도자의 정신자세 차이가 전쟁의 승패에 큰 영향을 끼쳤다.

둘째, **영국군은 포클랜드 전쟁 이전부터 아르헨티나보다 전쟁에 대하여 철저하게 대비해 왔었다.** 영국군은 상륙 작전 개시 46일간의 항해 훈련을 통해 각종 함상 특수훈련을 실시하여 아르헨티나군에 비해 더 잘 싸울 수 있는 태세를 갖추게 되었고 언제든지 이길 수 있다는 자신감을 고취하고 있었다. 또한 영국군은 전쟁이 계속되자 민간이 보유하고 있는 대형 상선과 여객선을 이용하여 보급품을 수송하였다. 이러한 민간 선박들은 아르헨티나 공군의 폭격을 받으면서도 끝까지 수송임무를 다하였다. 이처럼 국가의 중대한 시기에 필요하다면 호화 여객선까지 전장에 동원하는 영국 국민의 총화단결의 모습이 전황을 유리하게 이끌어 갔으며, **영국군의 막강한 군사력을 바탕으로 한 체계적 훈련과 항시 전비태세를 갖추고 있었던 것이 승리의 원동력**으로 작용하였다.

셋째, **영국군은 기만 작전을 구사하여 아르헨티나를 압도**하였다. 위험한 상륙작전을 성공시키기 위해서 영국군은 기만작전을 사용하였다. 영국군은 상륙지점을 최종목표인 포트 스탠리로 결정하지 않고 그 반대편 50마일에 위치한 산 카를로스 항을 택했다. 그러면서 동시에 여러 다른 해안에 특수부대를 침투시켜 가짜 기밀문서와 유언비어를 유포하고 아르헨티나군에게 최종 상륙지점이 어딘지 끝까지 알아내기 힘들게 혼란시켰다. 이러한 기만작전을 통한 기습적인 상륙작전의 성공이 승리의 큰 발판이 되었다.

넷째, *아르헨티나의 불법침입에 대하여 국제사회는 긴밀한 협조체제를 구축*하였다. 국제사회는 단결하여 정의가 반드시 승리한다는 것을 입증시켰다.

▮ 연구자 평가

무 기체계와 같은 영국과 아르헨티나의 유형적인 전력은 큰 차이가 나지 않았다. 그러나 포클랜드 전쟁의 승패를 쉽게 예측할 수 있었던 것은 *영국 정치 지도자와 국민 개개인들이 아르헨티나의 기습침공을 저지하기 위한 필승의 신념으로 국민총화를 이루었기 때문*이다. 즉 영국 국민은 대처 수상을 중심으로 하나가 되어 대항하였지만, 아르헨티나 지도자는 영국군의 반격을 미처 예상 못했다는 듯이 혼란스러워했으며, 그 결과 아르헨티나 군인들은 전쟁 내내 적극적인 공세를 취하지도 못한 채 영국군의 공격을 막는 데에만 급급하였다. 포클랜드 전쟁은 *수비만 하고서는 절대 승리할 수 없으며, 국민적 총화에 의한 지지가 없고 단결하지 못하는 군대는 반드시 패배한다는 것을*

우리에게 일깨워 주었다.

영국의 대처 수상은 인터뷰를 통해 *'실패란 있을 수 없습니다. 나는 실패에 대한 이야기를 하려는 것이 아니고 영국 함대와 우수한 장비, 그리고 용감한 영국군을 확실히 믿는다는 것을 말하려고 하는 것입니다. 우리는 조용히 앞으로 나아갈 것입니다. 그리고 성공할 것입니다.*'라고 말하며 영국과 영국군에 대한 무한한 신뢰를 보여주었다. 이러한 지도층의 굳은 결의가 전쟁 승리의 원동력이 되었던 것이다.

또한 이 전쟁을 통하여 '해가 지지 않는 나라'에서 서서히 '저물어가는 해를 바라보는 나라'로 전락하고 있던 영국이 결코 이빨 빠진 사자가 아님을 증명해 보였다. 영국 국민들은 자신들의 자존심을 상하게 한 아르헨티나를 결코 용서할 수 없으며 영국의 자존심을 회복하기 위해 전쟁을 감행하는 강한 면모를 보여주었다. 또한 영국 왕족인 앤드루 왕자가 이 전쟁에 자진하여 참전함으로써 지도자로서의 노블레스 오블리주의 좋은 본보기가 되기도 하였다.

▲ 의문점 해소

섬을 점령해야 하는 포클랜드 전쟁의 성격상 아르헨티나 공군 및 해군항공대 그리고 영국 해군 및 공군이 핵심적 역할을 담당했다. 전쟁에서 특히 기억해야 할 사항으로는, 첫째 해군군함에 공중 발사된 대함 미사일이 최초로 사용되었으며, 둘째 최초로 함재 대공미사일을 대규모로 사용하였고, 마지막으로는 제2차세계대전 이후 처음으로 해군부대에 대한 계속적인 항공공격이 실시되었다는 점이다. 또한 첨단무기보다는 전쟁을 수행하는 '인간'들의 기량과 정신력이 전쟁의 승패를 결정짓는 데 큰 역할을 했다는 것을 역시 잊어서는 안 될 것이다.

또한 영국군의 수직 이착륙 전투기인 해리어의 가공할 위력이 널리 알려진 계기가 되기도 하였다. 별도의 활주로가 필요 없는 해리어기는 섬이 주전장이었던 포클랜드 전쟁에서 놀라운 위력을 발휘하였으며, 아르헨티나 공군기와 함선들에게 많은 타격을 입혔다.

1 결 론

포 클랜드 전쟁이 우리에게 주는 교훈은 전쟁에 있어 *아무리 첨단 무기를 가지고 있고, 지형적 이점이 있더라도 국민총화에 의한 강력한 정신력 앞에서는 무너질 수밖에 없다는 사실*이다. 무엇보다도 우리가 기억해야 할 점은 지도자가 어떠한 태도를 지니느냐에 따라 그 군대의 전력이 완전히 뒤바뀔 수 있다는 것이다. 위기상황에 닥쳤을 때, 대처 수상이 보여준 빠른 상황판단과 결단력, 그리고 철저한 전쟁준비는 군지도자들이 잊지 말아야 할 자세이다.

그리고 포클랜드 전쟁이 발생하였을 때 영국 국민들이 보여준 정신자세, 즉 대처 수상을 중심으로 일치단결 총화를 이룬 것과, 지도층인 왕족까지도 자진해서 참전할 정도의 나라사랑은 우리에게 많은 것을 시사해 주고 있으며, 또한 본받아야 할 점일 것이다.

분쟁 중인 군대 중 어느 한쪽이 일단 제공권을 확보하면, 전쟁은 눈뜬 나라와 눈먼 나라의 싸움이 될 수밖에 없다.

— 웰스 —

Theme V

끝나지 않은 전쟁

✝ 긴 역사적 배경에 의한 종교적 이해관계가 얽힌 중동 전쟁

▉ 전쟁에 대한 총평가

2000년 9월 이후 이스라엘 – 팔레스타인 유혈투쟁이 1년이 넘도록 이어지면서 사람들은 "중동(中東)이 불타고 있다"는 말들을 하였다. 흔히 *이스라엘과 팔레스타인의 전쟁으로 불리는 중동전쟁은 과거에서 현재에 이르기까지 아직 끝나지 않고 진행 중*이라고 할 수 있다.

중동지역은 긴 역사적 배경과 복잡한 국제적 관계가 얽혀서 제2차세계대전 이래 끊임없는 긴장을 몰고 왔으며, 4차에 걸친 전쟁까지 겪어야 했던 이 중동분쟁은 *유사 이래 끊임없이 이어진 아랍·이스라엘 양 민족의 숙명적인 대립에서 유래*한다. 즉 기원전 팔레스타인 땅에 건국한 유대인은 망국 후 유랑 민족으로 전락하여 조상의 땅인 가나안의 언덕으로 돌아갈 것을 민족의 비원(悲願)으로 삼아 왔다. 한편 이스라엘의 성지 예루살렘은 636년 이슬람에 의해 공략되었고, 이후 팔레스타인 지역의 대부분은 이슬람교도에 의해 점거됨으로써 이슬람교도에게도 성지(聖地)가 되었던 것이다. 이스라엘의 건국이념은 시오니즘으로 이스라엘 민족은 메시아에 의해 선택된 민족이며 조상의 땅이자 약속의 땅인 가나안에 돌아갈 것이라는 믿음이다.

유대인이 조상의 땅 가나안에 돌아가고자 하는 시오니즘은 후에 팔레스타인에 유대국가를 재건하려는 정치운동으로 전환되어 갔다. 제1차세계대전 중 영국은 전쟁 수행을 위해 시오니즘을 지지함과 동시에 독일 측이었던 오스만튀르크의 후방교란을 위해 아랍인의 협력을 요청하였고, 양자에 대해 팔레스타인을 내주겠다는 모순된 언질(아랍에 대해서는 맥마흔선언, 유대에 대해서는 밸푸어선언)을 주었던 것이 이 비극의 직접적인 원인이 되었다. 전후 팔레스타인은 영국의 위임통치 하에 들어갔으며, 밸푸어선언으로 팔레스타인에 국가 재건을 약속받은 유대인이 내주(來住)하면서 이곳에 정착하고 있던 아랍인과 충돌이 빚어지게 되었다. 결국 이스라엘을 건국하게 된 유대인들은 주변의 아랍 국가들과 끊임없는 마찰을 빚어왔고 그 결과 4차례에 걸친 전쟁을 치르는 고초를 겪었다.

이러한 이스라엘과 아랍의 충돌은 현재까지도 진행 중이며, 지난 2001년에도 연쇄 자살폭탄 테러로 말미암아 유혈사태가 난무하여 대폭발의 위기국면으로 치닫고 있다. 이스라엘은 무장 헬기 등을 동원, 팔레스타인 자치정부 본부 건물을 미사일로 공격하며 폭탄테러에 대한 보복에 나서는 등 2000년 9월 유혈충돌이 벌어진 이래 1년여 동안 사망자가 1000명을 넘어선 사실은 이스라엘과 팔레스타인의 분쟁이 끝나지 않고 계속되고 있음을 단적으로 보여주고 있다.

■ 전쟁배경과 양국전세 비교

1 945년 5월 영국군의 철수로 유대민족주의자들에 의해서 이스라엘의 독립이 선포되었다. 벤구리온과 12명의 각료로 임시정부를 수립한 이스라엘은 팔레스타인 지역에 거점을 확보하게 된 것이었다. 이스라엘의 독립선포는 아랍 각국의 즉각적인 반발을 사게 되었고, 아랍국가들의 대이스라엘 선전포고가 일어나게 되었다.

중동 전쟁은 총 4차에 걸쳐 발생되었다.

제1차 중동전쟁의 내용은 이러하다. 전쟁 초기에는 아랍국가들의 연합이 이스라엘을 협공하였기 때문에 전세가 아랍 측에 유리하게 전개되었다. 그러나 전쟁이 지속됨에 따라 아랍 진영 내에 불협회음이 발생하게 되었다. 즉 팔레스타인 지역에서의 이스라엘 독립국가 탄생에 대한 반발로 함께 뭉친 아랍제국들은 전쟁 수행과정에서 이해관계가 상충되어 행동 통일에 균열이 발생하였던 것이다. 또한 천신만고 끝에 탄생된 나라를 지켜야 한다는 사명감으로 잘 훈련받은 이스라엘군과 비교하여 아랍의 군대는 승리에 대한 강한 열망도 없었고, 위기상황에 대한 대처 또한 미흡할 수밖에 없었다. 아랍국가들의 대이스라엘 전쟁의 실패 요인은 내면적으로는 아랍진영 내의 응집력의 결여로 볼 수 있다.

제2차 중동전쟁은 아랍의 맹주를 자처하는 이집트와 이스라엘의 분쟁 양식으로 나타났다. 2차 중동전쟁의 시발점이 된 장소는 수에즈 운하였다. 수에즈 운하의 경우 정치적 의미가 상징적으로 나타난 전략지대이기 때문에 항상 아랍과 이스라엘의 마지노선이 되었다. 또한 이집트의 수에즈 운하는 국제정치 및 세계경제 환경에서 빼놓을 수 없는 중요한 사안이었다. 즉 1956년 7월 미국의 일방적인 원조 중단으로 어려움을 겪게 된 이집트는 수에즈 운하의 국유화를 단행하여 이스라엘로 향하는 선박의 통행을 거부하고 티란해협을 봉쇄하였는데 이로써 수에즈 운하 회사의 대주주로서 큰 타격을 입게 된 영국·프랑스는 이스라엘이 시나이반도를 침공한 2일 후에 수에즈 운하를 공격하였던 것이다. 전세는 3국 측에 유리하게 전개되었으나 미국의 압력, 소련의 위협, 국제여론의 악화 등으로 영국·프랑스는 정치적으로 매우 불리하게 되었다. 국제연합은 긴급특별총회를 소집하여 유엔군 파견 결의를 채택, 정전(停戰)과 감시를 위한 유엔긴급군을 편성·파견하였다. 이에 따라 사태는 진정되었고, 영국·프랑스는 연내에, 이스라엘은 1957년 3월에 점령지로부터 철수하였다.

제3차 중동전쟁은 1964년경부터 시작된 아랍 게릴라의 활동에 대하여, 게릴라 활동의 주요기지로 여겨진 시리아에 대해 이스라엘은 대규모 공격(1967. 4.)을 감행하면서 시작되었다. 붕괴 직전의 상황에 이른 아랍은 결속강화를 통하여 전세를 회복하고자 하였다. 이집트 대통령 나세르는 군대를 시나이반도에 투입, 유엔군의 철수를 요청하고 아카바만의 봉쇄를 선언하였다. 이집트 – 이스라엘 간에 전투가 개시되었고, 새벽 기습공격으로 아랍 측 공군력을 괴멸시킨 이스라엘군은 압도적인 우세 속에서 4일 만에 시나이 반도를 점령하였으며 시리아 국경의 골란고원을 공략하였다. 국제연합안전보장이사회는 6월 6일 즉시 정전을 결의하였고, 쌍방의 수락에 의해 6월 9일 정전이 실현되었다. 이 전쟁은 6일 만에 종료되어 '6일 전쟁'이라고 불린다.

끝으로 벌어진 제4차 중동전쟁은 다음과 같다. 이집트 대통령 나세르는 전력의 재건을 서둘렀고, 아랍게릴라는 1969년경부터 이스라엘에 대한 파괴활동을 격화하였다. 나세르의 사망으로 대통령이 된 사다트는 이스라엘 기습을 계획하여 1973년 10월 6일 시리아와 함께 이스라엘에 선제공격을 가함으로써 이스라엘 공군과 탱크를 격파, 승리하였으나 북부에서는 시리아군이 패하여 전선은 고착화되었다. 이에 유엔안전보장이사회에서는 미·소 공동제안에 의한 정전 결의안을 채택하였다. 이 전쟁은 또한 이스라엘의 휴일인 욤 키프르(속죄의 날)에 발발하였다 하여 '욤 키프르 전쟁'이라고도 불린다.

■ 전쟁의 승패요인 분석

이스라엘은 독립전쟁(1948~49)과 수에즈 전쟁(1956) 같은 큰 전쟁에서 승리했으나 그렇다고 완전한 평화를 보장받은 것은 아니었다. 아랍국가들은 수천 년간 자기들이 살고 있었던 땅에 새로 들어선 유대인 국가의 존재를 인정하려 하지 않고 언젠가는 패배를 설욕하겠다고 벼르고 있었다. 하지만 *이스라엘은 절박한 상황에서 어렵게 찾은 나라를 불굴의 정신으로 지켜내고자* 하였다.

중동전쟁 중의 한 예로 6일 전쟁을 생각해보자.

이스라엘은 '전쟁이 불가피하다면 상대가 먼저 공격하기 전에 먼저 공격한다.'는 예방전쟁 개념의 작전계획을 세우고 1967년 6월 5일부터 단 6일 만에 이집트·요르단·시리아 세 나라 군대를 차례로 격파하고 대승을 거둠으로써 '6일 전쟁' 이름의 신화를 남겼다.

이러한 기적 같은 승리는 무기가 아닌 인간의 의지와 노력으로 이룬 것이었다. 이러한 승리는 첫째, 뛰어난 정보수집능력에 바탕을 둔 치밀한 작전계획과 그에 따른 시기적절한 지휘가 있었기에 가능한 것이었다. 이러한 준비 덕에 이스라엘 공군은 3시간 만에 이집트 공군을 완전히 궤멸시키고 요르단과 시리아 공군기지도 파괴함으로써 하루 만에 제공권을 완벽하게 장악했다.

둘째, 이스라엘은 실전을 방불케 하는 훈련을 통해 전기를 연마하였고 전쟁상황과 자국현실에 부합되는 우수한 무기체계를 운용함으로써 공군력과 기갑부대에서 아랍에 우위를 점하여 전쟁에서 승리할 수 있었다.

셋째, 아랍국가들과 달리 이스라엘의 승리에 대한 집념과 단결된 힘이 승리를 가능케 했다. 아랍군은 장교와 병사들 간에 정치·사회·교육적 배경이 달라서 서로 융화를 이루지 못했다. 하지만 이스라엘은 전쟁이 발발하자 유학생들까지도 귀국하여 입대를 하는 등 어렵게 세운 나라를 지키기 위해 솔선수범하였다. 아랍 군대의 상하 간에 깔린 깊은 불신 덕분에 이스라엘은 상대적 이점을 누렸던 것이다.

그러나 결코 간과해선 안 되는 것은 이슬람 세력의 단결력이다. 중동전쟁 전체를 통해서 보면 전쟁에서 패하면 죽음에 이른다고 생각하는 이스라엘에 비해 상대적으로 미약하게 느껴지지만 이슬람 종교의 투철한 신앙심에 근거한 저항의식과 단결력은 상대적으로 저평가되어 왔다. 아랍 쪽에서 보면 수천 년간 살아온 자신들의 삶의 터전을 다시 찾기 위해 싸웠던 것이며 4차에 걸친 전쟁도 불사하는 아랍의 의지 역시 제대로 평가해 주어야 할 것이다.

■ 역사적 평가

병 력 규모와 무기에서 결코 우세하지 않았던 이스라엘 군대가 남긴 6일 전쟁의 신화에 대하여 프랑스의 유명한 전략 이론가 앙드르 보프르 장군은 "적극적 공세 행동과 기습, 결단과 속도, 항공력, 지휘관들의 우수한 작전 능력, 병참지원 체계, 그리고 타의 추종을 불허하는 정신전력에 의한 승리"라고 평했다.

❶ 연구자 평가

위 에서 살펴보았듯이, 중동전쟁은 흔히 전쟁이라는 단어에서 떠올리는 경제적·군사적·정치적인 의도에 의해 발생된 전쟁이 아니었다. 양측의 정신적인 구심점인 이스라엘의 시오니즘과 아랍의 지하드라는 단어에서 암시하는 바와 같이 *오랜 세월 이어져 온 종교적, 민족적 갈등에 의해 발생된 전쟁*이라고 말할 수 있겠다. 그렇기 때문에 *그들의 전쟁 동기는 그 어떤 전쟁보다 강렬하고 쉽게 끝낼 수 없는 것*이다. 지금도 끊임없이 일어나는 이스라엘과 아랍의 전쟁을 보면서, 그들이 그토록 질 수 없고 양보할 수 없는 모습을 보이는 이유를 한번쯤은 생각해 볼 일이라 하겠다. 단순한 영토분쟁의 모습으로 해석하기에는 그 이면에 지니고 있는 요인들이 너무나 많기 때문이다. 이스라엘의 하나님, 아랍의 알라. 전쟁에서 이러한 종교적인 또는 정신적인 신념이 전쟁 양상과 수행 능력에 큰 영향을 끼침은 부인할 수 없다.

🔖 의문점 해소

중　동전쟁에서 이스라엘의 중요한 정신세계인 시오니즘 (Zionism)은 고대 유대인들이 고국 팔레스타인에 유대 민족국가를 건설하는 것을 목표로 한 유대민족주의 운동으로 19세기 후반 동유럽 및 중부유럽에서 시작되었는데, 이것은 예루살렘 중심부 시온이라는 약속된 땅에 대한 염원, 즉 팔레스타인에 대한 유대인과 유대 종교의 민족주의적인 염원에서 비롯된 것이다.

이러한 시오니즘은 후에 정치이념으로 전환되어 이스라엘을 건국하는 원동력이 되었다. 하지만 이 덕분에 아랍국가들은 수천 년간 살아온 고향에서 쫓겨나게 되어 이스라엘에 대한 적개심을 강하게 만드는 계기가 되고 말았다.

🔖 결 론

중　동전쟁 역시 기타 전쟁과 마찬가지로 서로의 이해관계 가 얽혀있으며, 수천 년을 이어온 양측 문화의 충돌과 종교적인 문제가 분쟁의 씨앗이 되어 왔다. 이스라엘과 아랍 간의 전쟁은 땅따먹기식의 전쟁은 아니었다. 이스라엘로 대표되는 유대민족과 팔레스타인으로 대표되는 아랍민족 간의 서로 다른 정신적 지주와 세계관의 차이가 전쟁의 근본적인 원인이었다고 말할 수 있겠다. 지금도 끝나지 않은 중동전쟁. 뿌리 깊은 그들의 종교적 차이에서 비롯된 정신적인 면에서의 충돌인지라 물질적인 면에서의 우위만으로 전쟁이 끝나지 않고 지금 이 순간에도 테러와 같은 행위를 통해 전쟁은 계속되고 있다.

이러한 전쟁에서는 원한에 원한이 쌓이고 서로의 분노만이 더해 가고 충돌의 끝은 보이지 않고 있다. *종교와 민족, 이념을 넘어서 모두가 한 형제라는 인류애를 가지고 서로의 존재를 인정할 때 진정한 중동의 평화와 비극적인 전쟁의 종언을 고할 수 있을 것*이다.

> 에너지를 강력히 발휘하기 위해서는 정신적 동기가 필요하다. 그것은 전투에 있어서는 곧 명예심인 것이다. 지금까지 명예심이 없는 훌륭한 지휘관은 없었다.
> — 클라우제 비츠 —

✝ 신(神)도 감쪽같이 속은 6일전쟁

▣ 전쟁에 대한 총평가

제 3차 중동전쟁이라고도 불리는 6일 전쟁은 이스라엘 공군의 이집트군 비행장에 대한 선제 기습공격으로 시작되었다. *작전 전개의 민첩함으로 이스라엘은 영토를 4배나 확장시키는 대승을 거두었다. 특히 이 전쟁은 이스라엘 첩보부대 모사드의 활약이 눈부시게 돋보이는 전쟁*이었다. 엘리 코헨과 같은 인물은 이집트 공군기지의 위치, 조종사 식사시간까지 상세하게 파악하여 제공해 주었다. 이스라엘은 이러한 정보를 종합, 누구도 예측하지 못한 아침 출근시간에 기습공격을 감행하여 대승을 거둠으로써 6일전쟁의 신화를 창조하였다. 그러나 이 전쟁으로 인하여 아랍국가들의 이스라엘에 대한 적개심은 커져갔으며 이후 중동은 또 한 차례 전쟁의 소용돌이에 휘말리게 되었다.

🐟 전쟁배경과 전개양상

이스라엘은 지난 두 차례의 중동전쟁에서 모두 승리했으나 결코 평화를 보장받은 것은 아니었으며, 아랍국들은 자신들의 땅에 새로 들어선 유대 국가의 존재를 인정하려 하지 않고 언젠가는 자신의 영토를 되찾으리라 벼르고 있었다.

이러한 아랍 측의 전쟁의지를 인지한 이스라엘은 선제공격을 감행하여 승기를 잡는 것이 최선이라고 판단, 1967년 6월 5일 기습적인 전격항공전으로 공격을 개시하였다. 최소한의 생존권을 확보하겠다는 이스라엘 측과 이를 거부하는 아랍 측의 의지가 상충되어 전쟁이 발발하였으며 이스라엘은 단 6일 만에 이집트·요르단·시리아를 차례로 공격하여 대승을 거둠으로써 '6일 전쟁'이란 이름의 신화를 남기게 되었다. 이 전쟁을 통하여 이스라엘은 '전쟁이 불가피하다면 상대가 공격하기 전에 먼저 공격한다.'는 예방전쟁 개념의 작전계획을 수립하게 되었다.

6일전쟁에 있어 이스라엘 공군이 기습작전에 성공한 것은 이스라엘의 정보력과 우수한 기동력에 기인하지만, 아랍인들의 정신적인 나태가 더 큰 원인으로 작용하였다. 아랍인들은 설마 아침출근시간에 공격을 해올까 하는 방심으로 조기경보장치 작동을 잠깐 멈췄고, 조종사들 역시 긴장을 풀고 있었다. 이스라엘 공군 지휘부는 이를 이용, 레이더망을 피하기 위해 지중해로 멀리 우회했으며, 해상 50m 저공비행을 감행, 나일 강 안개가 막

걷히는 시간에 이집트 상공에 나타나 공군 11개 비행기지 활주로를 우선적으로 폭파하고 항공기와 기타 시설물을 무자비하게 폭격했다.

이때 이집트는 23개 레이더 기지를 갖고 있었지만 이스라엘 공군기들이 전혀 노출되지 않았고, 이스라엘 공군기가 카이로 상공에 나타난 사실에 대해 사람들은 레이더망을 무력화시키는 특수무기를 개발한 것이 아닌가 하고 착각할 정도였다.

6일전쟁 결과 이스라엘은 본토 넓이(8천 평방마일)의 거의 4배에 달하는 4만 7천 평방마일을 획득하는 기적 같은 전과를 올렸으며, 800여 대의 전차와 수천 대의 차량을 노획하였다. 특히 예루살렘을 완전 장악함으로써 정치적·심리적 안정을 되찾았다.

이스라엘 공군이 3시간 만에 이집트 공군을 완전히 궤멸시키고 요르단과 시리아 공군 기지도 파괴하고 하루 만에 제공권 장악을 한 것은 작전에 실패하면 더 이상 물러설 땅이 없는 현실을 너무나 잘 알고 있는 이스라엘 전투조종사들이 필사적인 정신력으로 공중작전 임무를 수행했기 때문이다.

1 전쟁의 승패요인 분석

이스라엘군의 기습 작전이 성공한 몇 가지 이유는 다음과 같다.

첫째, **이스라엘군은 통상적으로 기습이 이루어졌던 새벽 시간대보다 늦은 오전 8시 45분에 공격을 개시하였다.** 이는 이집트군 당직조종사가 새벽의 경계근무가 끝나고 아침식사를 하는 시간이었다. '설마 식사시간에 침공해올까?'라는 의구심에 허가 찔린 셈이었다.

둘째, **아침 시간의 공격은 나일 강의 아침안개로 인하여 시정이 좋지 않아 기습작전이 노출될 염려가 없으므로 공격의 효과를 배가시킬 수 있었다.** 또한 이 시간대는 이집트 장교들이 출근하는 도중이라 연락이 수월하지 못하여 상황전파가 늦었고 신속하게 대응하지 못함으로써 이스라엘은 대승을 거둘 수 있었다.

셋째, 이날 아침 이집트군 총사령관 압둘 하킴 아메드 원수와 공군사령관 마무드 시드기 대장이 시나이 반도의 부대를 시찰하러 가는 중이어서 오발사고를 우려, **대공부대에게 사격을 가하지 말라는 명령이 하달되어 있었던 덕분에** 이스라엘의 기습공격은 이집트군의 큰 저항 없이 소기의 목적을 달성할 수 있었다.

넷째, 이스라엘 공군은 이집트 공군기지와 유사한 시설을 만들어 작전 연습을 거듭하였으며 공격 당일 공군기 가동률이 96%

에 달할 정도로 만반의 준비를 갖추고 있었다. 이러한 점을 미루어 이스라엘의 *6일전쟁의 신화는 창조된 것이 아니라 끊임없이 반복되는 훈련을 통해 만들어졌음*을 알 수 있다.

다섯째, *이스라엘의 전설적인 정보부대 '모사드'의 활약도 전쟁 승리에 큰 역할*을 하였다. 전설적인 스파이 엘리 코헨을 비롯한 모사드의 정보원들은 전쟁이 일어나기 전 이집트와 시리아에 침투, 주요한 작전계획과 군사정보들을 상세히 알아내어 이스라엘에 제공하였다. 이러한 모사드의 대활약으로, 이스라엘은 앞서 언급했던 지형적 특성과 공군기에 대한 자료와 공항의 위치 등은 물론 심지어 아침식사 시간까지 완벽히 파악하고서 전쟁에 임할 수 있었다. 이처럼 이스라엘은 뛰어난 정보수집력을 바탕으로 상황을 철저하게 분석하여 실전에 반영함으로써 대승을 거둘 수 있었다.

이러한 요인들로 인해서 이스라엘군은 6일전쟁을 대승으로 이끌게 되었으며 여기에는 앞서의 정보들을 완벽하게 파악한 이스라엘의 뛰어난 정보수집력이 큰 역할을 했다는 것을 간과해서는 안 될 것이다.

게다가 이스라엘은 고도의 심리전을 구사하였다. 6일전쟁 개시 1일 전인 6월 4일(일)에 전 세계 보도진에 의해 해변으로 휴양 나온 이스라엘군의 사진이 게재되었으며 이스라엘 공군기가 이집트로 향하고 있는 6월 5일 아침에도 이스라엘 정부는 마치 아무 일도 없는 것처럼 극히 평범한 일반 사항을 발표함으로써, 아랍군들의 긴장을 완화시켰다.

*공격을 하기 전 이스라엘군은 '정신적 의지력에 의한 공격'으로 교육되고 준비*되었다. 보급과 추가적 지원도 없이 72시간 동안 지속적으로 전투할 수 있도록 전투의지를 고양시켰으며 이스라엘이 보유한 전차는 이집트가 보유한 소련제 전차보다 성능이 뒤떨어졌음에도 불구하고 훈련과 운용자세에 있어 훨씬 앞서 있었다. 반면에 상대적으로 이집트군은 장교와 병사들 간에 정치·사회·교육적 배경이 달라 융화를 이루지 못하였고 이러한 갈등은 결국 전쟁에서의 패배로 나타나게 되었다.

■ 역사적 평가

6 일간의 치열했던 전쟁은 이스라엘의 압승으로 끝이 났다. 당시 아랍국가들은 우수한 소련제 신형무기를 보유하고 있었음에도 불구하고 제대로 활용하지 못했다. 반면, 이스라엘은 공군의 기습적인 항공공격과 뛰어난 정보수집 능력, 장병들의 전쟁의지와 실전을 방불케 하는 평소의 훈련에 의해 승리를 보장받을 수 있었다.

6일전쟁의 승리로 이스라엘은 시나이 반도, 골란 고원 등을 점령함으로써 영토를 기존의 4배로 확대하였으며 성지인 예루살렘을 완전히 확보하고 군사적인 안전도를 높일 수 있게 되었다.

하지만 이 전쟁을 통해서 41만 명의 아랍 난민이 새로 생겨났으며, 아랍인의 이스라엘에 대한 분노는 커져만 갔다. 국제적인 여론 역시 이스라엘에 호의적이지 않았으며 이후 이스라엘은 끊임없는 아랍 게릴라들의 소모전에 괴롭힘을 당하게 되었다.

▮ 연구자 평가

프 랑스 전략이론가 앙드르 보프르 장군은 6일전쟁의 신화에 대하여 "적극적 공세행동과 기습, 결단과 속도, 항공력, 지휘관들의 우수한 작전 능력, 그리고 타의 추종을 불허하는 정신전력에 의한 승리"라고 평했다.

결론적으로 군사력에 있어 아랍권에 비해 열세에 있던 이스라엘은 기습 항공작전의 성공이 아니면 죽음뿐이라는 절박함에서 기인한 불굴의 정신력과 심리전, 정확한 정보력으로 전쟁에서의 승리를 쟁취하였다고 할 수 있겠다.

▌결 론

6 일전쟁을 통해서 가장 주목할 점은, *적의 동태를 신속하게 파악하는 정보력, 적의 방심을 유발하게 만드는 고도의 심리적 전략 전술, 전쟁을 준비하면서 실전과 다름없는 훈련을 통한 철저한 전쟁준비, 장병들의 전투의지를 고양하는 정신교육의 강화를 통해 성취한 이스라엘군의 무형전력의 승리*라고 할 수 있다.

이러한 이스라엘의 확고한 무형전력이 군사적으로 우세한 아랍국들에게 둘러싸여 있는 절박한 상황에서도 굳건하게 이스라엘을 존재하게 하는 이유일 것이다.

이스라엘이 이러한 무형전력을 강조하는 것은 수천 년간의 유랑생활을 끝내고 간신히 얻은 나라를 두 번 다시는 잃을 수 없다는 강한 신념에서 비롯되었다. 사방이 적으로 둘러싸여 언제 어디서 공격을 받을지 모르는 상황에서 나라를 지키기 위해서는 강인한 정신력이 요구되었고, 항상 경계를 늦추지 않는 자세가 요구되었던 것이다. 이러한 정신자세는 외국에 거주하는 유대민족으로 하여금 학업과 직장을 중단하고 조국 이스라엘을 구하기 위해 몰려들게 만들었다.

우리나라도 주변의 강대국들로 둘러싸여 있어 언제 어디로부터 위협을 받을지 모르는 상황에 처해 있다. 이럴 때일수록 철통 같은 경계태세를 유지하는 것은 물론 장병들의 정신무장을 확고히 하여 우리의 국가 안보를 지켜야 하겠다.

✝ 이슬람의 대동단결에 의한 기습공격과 이스라엘의 저력을 동시에 보여준 – 욤 키프르 전쟁

▮ 전쟁에 대한 총평가

욤 키프르 전쟁은 6일 전쟁에서 패배한 시리아, 이집트 등의 아랍군이 영토확대와 주변 일대의 주도권을 얻기 위해 이스라엘과 벌인 네 번째 전쟁으로, 유대교의 종교적 속죄일인 욤 키프르일에 전쟁이 시작되었다고 하여 욤 키프르 전쟁으로 불린다. 앞서 3번의 전쟁에서 연패를 거듭한 아랍군은 패배의 이유를 면밀하게 분석, 공군력과 기갑부대에서 열세임을 깨닫고 이에 대한 대책을 수립하면서 욤 키프르 전쟁에서 설욕할 것을 다짐하였다. 이러한 굳은 결의에 따라 이번에는 아랍 측이 먼저 기습공격을 감행하여 성공을 거두었다. 그러나 초반 압도적인 열세에도 불구하고 시오니즘 정신으로 굳게 뭉친 이스라엘은 저력을 발휘,

전세를 역전시킴으로써 이 전쟁은 결국 무승부로 끝나고 말았다.

특히, 이 전쟁은 *아랍 민족에게 하면 된다는 자신감을 심어준 전쟁*으로 널리 알려져 있다. 이 전쟁을 통해서 아랍국의 저력이 인정되었고 이스라엘의 재빠른 대응과 반격 역시 주목의 대상이 되었다. 또한 이 전쟁을 끝으로 중동지역에서 더 이상의 대규모 전쟁은 일어나지 않았다.

◤ 전쟁의 배경과 전개양상

6 일전쟁이 이스라엘의 완전한 군사적 승리와 거대한 영토획득으로 종결되자 패배한 아랍인들은 영토 상실에 따르는 굴욕감과 복수심에 불탔고, 그에 대한 복수전으로 1973년 또다시 이스라엘을 상대로 욤 키프르 전쟁을 일으키게 되었다.

6일전쟁 이후 아랍세계는 대동단결하여 군사력을 재건하면서 새로운 전쟁을 준비하고 동시에 끊임없는 소규모 분쟁을 일으켰다. 이에 미 국무장관인 로저스가 평화안을 제시하였으나, 이스라엘과 아랍 측 사이에 협상이 결렬되면서 또다시 전쟁의 길로 들어서게 되었다.

이집트는 6일전쟁을 교훈 삼아 치밀한 준비 끝에 선제공격을 감행하기로 마음을 먹고, 시리아와의 협조 아래 유대교의 종교적 속죄일인 욤 키프르일에 공군기습과 포병 포격을 통해 공격을 개시하였다. 아랍 측의 이 기습은 크게 성공하여 이집트군은 간단히 수에즈 운하를 도하하였으며, 시리아군도 골란 고원 내부로 침투하였고, 이스라엘이 요새화해 놓은 골란 고원의 방어선도 손쉽게 돌파하였다.

하지만 이스라엘의 반격도 만만치 않았다. 처음에 이스라엘군은 이집트군과 시리아군의 기습 공격과 과거와 현저하게 달라진 그들의 전투 능력에 당황하여 수세에 몰렸다. 그러나 곧 평정을 되찾고 반격을 개시한 이스라엘군은 위기에 처한 골란 전선을 안정시키기 위하여 2박 3일 동안 한 차례 휴식도 없이 처절한 전투를 치러가며 적을 견제해 나갔다. 이를 통하여 이스라엘은 골란 고원 휴전선 지역까지 거의 회복하였다.

'이스라엘의 마지노선'이라며 이스라엘이 자랑하던 바레브 선상의 요새들은 이집트군의 강력한 수에즈 운하 도하작전을 통하여, 하나씩 각개 격파당하였다. 하지만 이스라엘 공군이 적 대공방어를 피하며 공중전을 유리하게 전개하면서, 전세는 바뀌기 시작하였다. 이집트군이 기습도하한 지 꼭 열흘 만에 이루어진 이스라엘군의 역도하로 이집트 대부분의 병력과 전차가 포위당해 고립되었다. 결국 전쟁 발발 20여 일 만에 미국과 소련 그리고 유엔 안보리의 제안과 이집트 대통령 사다트 대통령의 결단에 의해 욤 키프르 전쟁은 휴전을 맺었다.

❶ 전쟁의 승패요인 분석

이 스라엘과 아랍 측 사이에 벌어졌던 커다란 전쟁 가운데 마지막 전쟁인 욤 키프르 전쟁은 결과적으로는 아무런 영토의 변화를 초래하지 않은 무승부의 전쟁이었다. 하지만 이 싸움을 통하여, 아랍 측은 최선을 다해 싸우면 결코 패하지 않는다는 자신감과 민족적 긍지를 회복했다. 또한 투철한 전투의지와 대담성으로 목숨을 걸고 싸운 이스라엘군의 저력도 동시에 확인시켜 주었다.

아랍 측이 전쟁 초반 이스라엘군에 커다란 타격을 입힐 수 있었던 것은 이스라엘 측의 안이한 방어 태세에도 있지만, *아랍 측이 이스라엘에 복수를 하기 위하여 똘똘 뭉쳐, 강한 정신력을 발휘한 점이 더 큰 요인*이다.

6일전쟁을 통해 이스라엘의 몇 배나 되었던 아랍 측이 단 6일 만에 충격적인 패배를 당했다는 점에서 전 아랍인들은 엄청난 좌절감과 패배감을 느꼈다. 하지만 아랍 측은 6일전쟁 후 3년에 걸쳐 아랍 세계를 단결시키고 군사력을 재건하면서 전쟁을 준비하였다. 또한 6일전쟁에서의 패배 요인을 철저하게 분석하여 완벽하게 적의 공격에 대응하는 방책을 마련해 놓았다. 이러한 철저한 전쟁준비가 아랍 측의 이스라엘 기습 공격을 성공으로 이끌 수 있었던 첫 번째 요인이다. 전쟁에서 싸움을 철저하게 준비하는 자가 싸움을 준비하지 않는 자를 압도하는 것은 당연한 이

치라 하겠다. 6일전쟁에서는 이스라엘의 뛰어난 정보력과 종교적 신앙심을 바탕으로 한 정신력에 승패가 좌우되었지만, 욤 키프르 전쟁에서는 설욕전을 별렀던 이슬람 세력이 대동단결하여 강한 집중력을 보인 반면 6일전쟁의 승리로 이스라엘의 일시적 안이함이 전쟁 승패에 커다란 영향을 미쳤다. 그러나 이스라엘은 이후에 저력을 과시함으로써 전쟁은 무승부로 끝났다.

두 번째로 *아랍 측의 기습이 성공했던 이유는 6일전쟁 시 이스라엘에 당한 복수심에 의해 아랍 측끼리 단합이 잘 이루어졌기 때문*이다. 다시 말해 앞서 6일전쟁의 패전 원인을 아랍군이 하나로 통합되어 싸우지 않았기 때문이라고 생각한 아랍 측은, 같은 이슬람 문화권의 나라끼리 일치단결하여 작전을 구사하는 것이 승리의 지름길이라고 생각하여 각국 간의 이해조정을 위해 많은 노력을 기울였다. 전쟁 개시와 동시에 이루어진 골란고원 공중 폭격 작전에도 이집트와 시리아는 마치 한 국가인 듯 작전을 구사하였다. 이러한 굳은 단결력은 전쟁에서 승리를 쟁취하는 기본이라고 할 수 있겠다.

하지만 전쟁 초반 압도적으로 열세에 몰린 상황에서도 이스라엘은 보기 좋게 전쟁에서 살아남았다. 전쟁 초반 안이한 대응태세로 많은 피해를 입었지만, 앞서 3차례에 걸친 아립진쟁에서 승리한 이스라엘의 저력은 남달랐다. 이스라엘이 이번 전쟁에서 역전할 수 있는 요인으로는 시오니즘 사상으로 굳게 뭉친 유대인 특유의 단결력과 애국심을 꼽을 수 있다. 한반도 크기의 1/6에 불과한 이스라엘은 건국 당시부터 불안정한 안보상황에서도 나라와 민족을 위해 헌신하려는 유대인들의 단결력과 애국심으로 나라를 지켜왔다. 아랍 측의 경우 전쟁에서 패하면, 단지 영토의 일부를 잃을 뿐이었지만, 이스라엘의 경우는 패망이자 죽음인 것이었다. 이러한 위기의식이 항상 내재되어 있는 이스라엘 국민들이 국가를 위해 헌신진력하지 않을 수 없었다.

세 번째로 *전쟁 후반 이스라엘의 승리 요인으로는 뛰어난 작전 참모들의 작전 수립과 수행 능력, 그리고 뛰어난 공군 조종사들의 능력*을 들 수 있다. 유형전력이 뒤지는 이스라엘 측으로서는 과감한 작전이 요구되었고, 앞선 3차례의 아랍전쟁을 훌륭하게 수행한 여러 장군들이 전쟁을 수월하게 이끌어 나갈 수 있었다. 그리고 이스라엘이 중요시하는 제공권 장악에 있어, 전쟁 초반 기습을 당한 이후에도 다시 제공권을 장악할 수 있었던 것은 전투기의 숫자가 많았다기보다는 전투경험이 풍부한 이스라엘의 조종사들이 있었기 때문이었다.

■ 역사적 평가

이스라엘과 아랍 측은 일련의 협상을 진행시킨 끝에 수에즈 운하 동쪽과 골란 고원의 휴전선상에 유엔군이 주둔하고 그 좌우에 쌍방의 경계 병력만 배치함으로써 평온을 되찾았다. 욤 키프르 전쟁은 결과적으로 아무런 영토의 변화를 초래하지 않은 무승부의 전쟁이었으나, 매우 치열하고 격렬한 전투를 치렀던 전쟁이었다.

◢ 연구자 평가

아랍군은 선제공격을 하는 등 최선을 다하여 싸웠지만, 이스라엘과의 전쟁에서 처음으로 무승부를 기록하며 끝냈다는 데 만족할 수밖에 없는 전쟁이었다.

한편 전쟁 초반 아랍군의 기습을 받아 *수세에 몰렸지만 전쟁을 원점으로 되돌려 놓은 이스라엘의 저력에 주목할 필요성*이 있다. 특히 이집트와 시리아 양국 중 상대적으로 약한 시리아를 우선적으로 제압하자는 이스라엘군 총사령부의 판단은 옳았으며 시리아를 상대로 승리하기 위하여 이스라엘군 제7기갑여단은 북부에서 7일 낮 내내, 그리고 9일 석양, 시리아군의 공격이 끝날 때까지 단 한 번의 휴식도 없이 처절한 전투를 하면서 적을 견제했다. 이러한 이스라엘군의 전투의지와 전투 능력은 우리 군인도 본받을 만하다.

또 주목할 점은 *이번 전쟁을 준비하면서 아랍 측이 이스라엘에 대한 철저한 분석을 마쳐 놓았다는 것*이다. 아랍 측은 지난 3번의 전쟁을 면밀하게 분석, 이스라엘 측이 아랍 측에 비해 공군력과 기갑부대가 우위에 있다고 판단하여 이스라엘의 공군력과 기갑부대를 대처할 방안을 마련하였고 이것은 아랍군의 초반 승리로 결실을 맺었다. 이스라엘은 뛰어난 정보력과 오랜 전쟁에서 계속된 승리, 그리고 거액을 들여 구축한 최강의 방어선인 파레브 라인 등을 너무 과신하여 초반에 크게 패배하였다.

또한 *이 전쟁 이후로 중동에 어느 정도 평화가 찾아왔다는 점도 의미*가 있다. 전쟁이 끝난 후 1977년 이집트와 이스라엘은 미국의 중재로 시나이 반도를 이집트에 반환하고 수에즈 운하를 이스라엘도 자유롭게 왕래할 수 있다는 내용을 골자로 하는 평화협정을 맺게 되었다. 비록 소규모의 충돌은 근절되지 못하였지만 평화협정 덕분으로 아랍권과 이스라엘의 대규모 전쟁은 더 이상 발발하지 않게 되었다.

▌ 결 론

승 자도 패자도 없었던 이 싸움을 주목해야 하는 이유는 다름이 아니라 *유형전력보다도 무형전력의 중요성이 두드러지게 나타난 전쟁이었기 때문*이다. 두 번 다시는 이스라엘에 치욕적인 패배를 당하지 않겠다는 이슬람의 굳은 결의가 적에 대한 철저한 분석, 체계적인 전쟁준비 등으로 이어졌고, 그 결과 이제까지와는 달리 전쟁 초반에 오히려 이스라엘을 압도할 수 있었던 것이다. 결국 아랍국가들은 그들도 협력하여 최선을 다하여 싸우면 과거처럼 굴욕적인 패배를 당하지 않는다는 자신감을 가질 수 있었으며 민족적인 긍지도 회복할 수 있었다.

하지만 무엇보다도 우리가 눈여겨보아야 할 점은 **불리한 전세를 극복한 이스라엘군의 저력**이다. 적보다 우수하지 않은 유형전력, 그리고 전쟁 초반의 패배에도 불구하고 이 싸움을 원점으로 되돌린 이스라엘군의 저력은 바로 정신전력에서 비롯된 것이다. **국가 없는 민족의 설움을 철저하게 겪은 유대민족은 전쟁의 승패는 곧 자신의 생명과도 직결된다고 보아 나라를 위해 목숨을 바쳤던 것**이다. 이스라엘 국민의 이러한 애국정신을 우리도 본받아야 할 것이다.

또한 이 전쟁을 끝으로 중동에서 더 이상의 대규모 전쟁이 일어나지 않아서 양측 모두 서로 간의 역량을 기르는 데 전념하게 된 것도 고무적인 일이었다. 소모적인 전쟁은 결국 모두를 공멸로 이끌 뿐이라는 것을 알고 모두가 함께 평화롭게 공존하는 길을 모색해야 할 것이다.

> 전쟁이란 국가의 대사이다. 국민의 생사와 국가의 존망이 갈라지는 길이므로 깊이 생각하지 않으면 안 된다
>
> —손자—

✝ 민족주의와 이념적 대립이 복합적으로 얽힌 크로아티아 전쟁

◢ 전쟁에 대한 총평가

크 로아티아 전쟁은 크로아티아가 구유고연방에서 독립을 선포(1991. 6.)하자 이를 저지하려는 유고연방군과 소수민족인 세르비아계가 합세하여 크로아티아를 공격하면서 발생한 전쟁이다. 그러나 이 전쟁이 관심을 끄는 이유는 단순한 내전이 아니라 민족주의에 의한 내전이었고 이데올로기의 대립으로 인해 좀처럼 해결의 실마리를 찾을 수 없었다는 점 때문이다. 하지만 이 전쟁도 UN안보리의 중재 노력에 의해 해결의 실마리를 찾게 되었다.

복잡한 지역에서 인종, 종교, 정치적 갈등이 서로 맞물려 수많은 피해를 낸 이 전쟁은 아직도 분쟁이 완전히 사라지지 않았을 정도로 큰 상처를 남겼으며 아직까지도 인적, 경제적으로 동유럽에 많은 피해를 주고 있다.

■ 전쟁배경과 양국전세 비교

유
고슬라비아 지역을 평화롭게 통치해 온 지도자 티토가 1980년에 사망하자 유고 연방은 해체되기 시작하였다. 유고 연방 중의 하나인 크로아티아가 독립을 선포하자 크로아티아 내에 거주하고 있던 세르비아계도 이를 틈타 자신들의 분리를 주장하였다.

세르비아계가 유고연방군과 합세하여 크로아티아를 공격함으로써 내전은 점차 격화되었다. 이에 UN안보리는 양측의 휴전을 권고하였으나 세르비아계와 유고연방군이 불응하자 무기금수조치, 경제제재 등의 결의안을 채택하였다. 이후 유고연방군은 크로아티아와 휴전에 합의하였으나 세르비아계는 단독으로 무장 투쟁을 지속하였다. 그러나 피해가 속출하면서 양측은 UN의 중재로 휴전협정을 체결(1992. 1.)하고 평화 상태에 돌입하였다.

그러나 평화상태가 깨진 것은 크로아티아 정부군이 세르비아계의 전략적 거점인 크라이나 지역을 공격(1993. 1.)하면서부터이다. 휴전 상태에서 다시금 전운이 감돌자 세르비아는 크로아티아 내 자민족을 보호한다는 명분 아래 전군에 비상 경계령을 발동하고 전투태세에 돌입하였다.

전쟁이 발발하여 유고 연방군의 전차부대가 크로아티아를 침공(1991. 9.)하자 연방군은 압도적인 우세를 보이며 크로아티아 국토의 35% 지역을 장악(1991. 12.)하기에 이르렀다. 하지만 세르비아군 점령지 안에서 크로아티아인을 향한 학살과 박해가 자행되었다.

UN안보리에서 비난 결의안이 채택(1993)되자 세르비아계들은 UN 평화회담에 불참하기로 결정하였지만 결국 세르비아 - 크로아티아는 공식적으로 합의하여 휴전협정에 서명(1994)함으로써 전쟁에 종지부를 찍었다. 하지만 이곳에서는 지금도 인종 간의 끊임없는 충돌과 학살이 자행되고 있는 실정이다.

▌ 전쟁의 승패요인 분석

전쟁이 발생하여 지금도 분쟁이 끊임없이 이어지고 있는 *옛 유고슬라비아 지역은 분쟁이 일어날 수밖에 없는 환경을 지니고 있었다.* 유고슬라비아 공화국 당시 공식적으로 사용하는 문자는 두 가지였고, 종교는 3개였으며, 4개의 언어를 사용하는 5개의 민족이 모인 국가였다. 우리나라보다 약간 큰 면적의 나라에서 이렇듯 다양한 민족이 여러 개의 종교와 문자를 사용하고 있어 상호 우호적인 관계를 유지하기는 결코 쉽지 않았을 것이다. 다시 말해 같은 민족 간에도 언어표현상의 차이가 있어도 내면적인 갈등이 있을 수 있는데, 이렇듯 다양한 민족과 언어, 종교가 복잡하게 얽혀 있으므로 분쟁의 씨앗은 오래전부터 싹터 있었을 것이다.

유사 이래 전란이 끊일 날이 없을 정도로 혼란스러웠다는 역사적인 배경도 인종 간의 갈등에 커다란 영향을 미쳤을 것이다. 십자군 전쟁의 주요 경로로, 이슬람 국가들의 침공로로, 공산주의의 파급 루트의 길목으로 이용되었다. 역사적인 풍상을 많이 겪었기 때문에 다양한 인종과 문화가 섞이게 되었고, 그러한 문화들끼리의 충돌이 빚어질 수밖에 없었던 것이다. 이전에는 티토라는 뛰어난 지도자에 의해 평화를 유지해 왔으나 그러한 구심점이 사라진 후 그동안 잠재되어 있던 갈등의 요소들이 이곳저곳에서 터져 나오기 시작한 것이다.

이러한 역사적, 문화적 이해관계를 배경으로 한 크로아티아 전쟁 발발의 결정적인 요인으로는 티토의 사망을 들 수 있다. 그가 사망하자 크로아티아는 독립을 선언하였고, 이에 유고연방군과 세르비아계가 합세하여 크로아티아를 공격하면서 내전이 격화되었다. 앞서 언급한 바와 같이 크로아티아 전쟁은 다양한 민족과 언어, 종교가 복잡하게 얽혀있어 전쟁당사자들 간 자체적으로 해결의 실마리를 찾기 어려웠다.

이 전쟁에서 눈길을 끄는 것은 유고 연방에 속해있던 크로아티아가 독립을 선포하자 이틈을 이용하여 크로아티아 내에 거주하고 있던 세르비아계도 분리를 주장하였다는 점과 유고연방과 크로아티아의 싸움에서 세르비아계는 자신들의 분리독립을 위해 유고연방의 편을 들어 함께 싸웠다는 점이다. 유고 연방에 속해 있던 크로아티아의 '독립주장'의 목소리를 세르비아계도 그대로 본받은 셈이었다.

더 눈길을 끄는 것은 UN의 중재안을 크로아티아가 받아들였지만 세르비아계는 거부하고 저항하였다는 점이다. 결국은 UN의 중재에 의해 이 전쟁은 끝을 맺을 수 있었지만 말이다.

▮ 역사적 평가

크로아티아는 현재 구유고연방의 여타 공화국에 비해 상대적으로 안정된 모습을 보이고 있다. 세르비아와의 거친 분쟁이 자신들에게 이익이 되지 않는다고 생각하고 있고 투즈만 대통령 역시 주변국과의 분쟁에 휩쓸리지 않으려고 조심스러운 정책을 펴고 있기 때문이다. 향후 세르비아와 직접적인 분쟁은 없을 것으로 예상되나 분쟁의 여지는 항상 상존해 있다고 하겠다.

▮ 연구자 평가

제2차세계대전 이후 소련과 미국의 냉전(cold war)이데올로기는 급속도로 전파되기 시작했다. 크로아티아를 포함한 대부분의 동유럽 국가들은 소련으로 예편되어 레닌의 주도하에 공산화의 길을 걷게 되었으며 일부 국가들은 미국진영을 중심으로 하는 자유 시장경제를 옹호하는 민주주의를 받아들여, 이 지역은 이념적으로 양분되는 양상을 보였다.

크로아티아 전쟁은 냉전체제의 서로 다른 이념하에서 민족주의적 성향이 복합적으로 작용한 전쟁이라 하겠다. 이들은 투철한 민족주의를 바탕으로 필사적으로 싸웠기 때문에 서로에게 엄청난 피해와 타격을 주었다.

🔳 결 론

크로아티아 전쟁은 구유고 지역에서 발생한 복잡한 성격을 가진 분쟁으로서 보스니아 사태와 함께 국제사회의 관심이 집중된 유혈분쟁이었다. 이 전쟁에 있어 *국제사회의 직접 개입 시기는 늦었으나, 적극적인 협조와 개입이 분쟁을 조기에 해결할 수 있음을 보여준 사례*라 평가된다.

서로 다른 민족주의에 의한 갈등 해소도 쉽지 않은데, 이데올로기마저 다르다면 해결책은 거의 없다고 해도 과언이 아닐 것이다. 이처럼 인종문제, 종교 문제뿐만 아니라 민족주의와 냉전이데올로기가 복합적으로 얽혀 있으면 상호 간에 평화협정 체결은 좀처럼 기대하기가 어렵다. 이러한 복합적인 상황 하에 있었던 크로아티아와 유고연방군(세르비아 포함) 간의 *크로아티아 전쟁에서는 중재자로서 UN안보리의 역할이 지대함을 일깨워 주었다.*

> 전쟁에 대비하는 것이 평화를 유지하는 가장 효과적인 수단이다. 자유민은 무장하여야 할 뿐 아니라 훈련되어야 한다.
> — 리델하트 —

† 중동을 휩쓴 사막의 폭풍 걸프전쟁

◀ 전쟁에 대한 총평가

종래의 전쟁이 고지를 점령하여 깃대를 꽂는 전쟁이라면
걸프전쟁은 미디어를 이용, 첨단무기의 가공할 파괴력을
보여줌으로써 전쟁 수행 의지를 말살시켜 조기에 끝을 맺은 전
쟁이었으며, *국민의 신뢰와 지지를 바탕으로 한 국민적 단결이
전쟁 승패를 결정짓는다는 것을 보여준 전쟁*이었다.

지난 1990년 중동에서부터 불어온 전쟁의 모래 바람은 전 세
계를 다시금 전쟁의 소용돌이 속으로 빨려 들어가게 만들었다.
이 전쟁을 통하여 미국은 전쟁 수행 능력 면에 있어서 세계의
초강대국임이 입증되었고, F－117스텔스, 패트리엇 미사일과 같
은 최첨단 무기들의 가공할 만한 위력이 CNN방송을 통해 널리
알려지게 되었다.

이 전쟁으로 전 세계는 오일쇼크의 위기를 겪을 뻔하였으며,
이라크의 후세인은 중동에서의 자신의 세력을 규합할 수 있는

기회를 잡게 되었다.

▌ 전쟁의 배경과 전개양상

1 988년 이란·이라크 전쟁이 끝난 후 이라크는 심각한 경제위기를 맞고 있었다. 주요 석유 생산시설은 파괴되었고, 1,000억 달러에 달할 정도로 많은 외채를 지고 있었다. 이라크의 지도자인 사담 후세인은 이러한 위기 상황을 타개하기 위하여, OPEC국가들에게 석유 값을 올리고 생산량을 줄이라는 압력을 넣음과 동시에 이웃나라인 쿠웨이트가 이라크의 유전에서 24억 달러 상당의 석유를 훔쳤다고 비난하며 보상을 요구하였다.

이러한 후세인의 터무니없는 요구를 OPEC 국가들과 쿠웨이트는 '당연히' 거절하였고, 이를 빌미로 후세인은 쿠웨이트와의 국경지대에 군대를 배치하기 시작하였다. 중동에서의 또 다른 전쟁 발발을 우려한 사우디아라비아는 이라크와 쿠웨이트와의 협상을 중개하였으나 결렬되었고 이라크는 본격적으로 전쟁준비에 착수하게 되었다.

협상이 결렬된 직후, 이라크는 대규모 병력을 쿠웨이트와의 국경에 집결시켰고 마침내 1990년 8월 2일, 쿠웨이트로 진격하였다. 이라크의 대대적인 침공에 상대적으로 소수의 병력을 보유한 쿠웨이트는 불과 이틀 만에 이라크에게 점령되었고 후세인은 쿠웨이트를 이라크의 19번째 주로 편입시켰다고 공식 선언하였다.

이라크의 부당한 쿠웨이트 침공에 유엔 안전보장이사회는 결의안을 통하여 이라크의 즉각 철수를 요구하였으며, 미국의 부시 대통령도 이라크의 사우디아라비아 공격을 저지하기 위해 미군을 페르시아만 지역에 배치하겠다고 발표하였다. 세계 각국에서도 이라크의 쿠웨이트 침공을 비난하는 성명이 잇따랐고, 미국을 위시하여 영국, 프랑스, 네덜란드, 벨기에, 이탈리아, 파키스탄, 오스트레일리아, 이집트, 시리아 등으로 다국적군(Multi - national force)이 구성되었다.

다국적군에게 주어진 임무는 이라크군 전력손실을 극대화하고 우방국들의 방어능력을 증강시켜 이라크 스스로 공격을 포기하게 만드는 것이었다.

이러한 전 세계의 단합된 움직임에도 불구하고 후세인은 점령한 쿠웨이트에서 철수하거나 유엔 결의안에 따르려는 태도를 보이지 않았다. 오히려 후세인은 쿠웨이트에 40만 명 이상의 병력을 집결시키는 한편 사우디아라비아의 국경에 탱크, 지뢰밭 등을 배치함으로써 평화적인 문제해결 의지가 없음을 노골적으로 드러내었다.

이러한 후세인의 태도에는 나름의 자신감이 있었다. 이라크는 이란·이라크 전쟁을 통해 단련된 당시 세계 4위권의 강력한 군대를 보유하고 있었고, 중동 지역은 예로부터 미국에 대한 반감이 강한 지역이었다. 거기다 설사 패배하더라도 후세인 자신은 미국에 대항해 맞선 아랍세계의 영웅이 될 수도 있다는 것이 후세인의 계산이었던 것이다.

유엔의 요구에 대해 후세인이 계속 비타협적인 태도를 유지하자 부시 대통령은 보다 공세적인 행동을 취하기로 결정하였으며 전 세계에 흩어져 있던 미국의 정예 병력들을 사우디아라비아로 집결시켰다.

마침내 유엔 안전보장이사회는 이라크에 대한 다국적군의 무력사용을 승인(90. 11. 29.)하고 91년 1월 15일까지 이 결의안을 이행하지 않으면 모든 수단을 동원하여 이라크군을 쿠웨이트에서 축출시키겠다는 결의안을 통과시켰다. 이로써 이라크는 유엔의 결의에 굴복하느냐 아니면 최후통첩에 불복하여 전면전을 감수하느냐 하는 선택의 기로에 봉착하게 되었다.

하지만 후세인은 유엔의 최후통첩에 불복하였고 결국 다국적군은 '사막의 폭풍' 작전을 개시(91. 1. 17.)하였다. '사막의 폭풍' 작전은 월등히 앞서 있는 공군력을 활용, 이라크군의 주요 군사시설을 무력화시켜 피해를 최소화하려는 작전이었다. 압도적인 공군력을 앞세운 다국적군의 폭격으로 이라크군은 제대로 공격한 번 못해보고 무려 50%의 전투력을 잃었다.

다국적군의 압도적인 공중폭격에 전투력에 치명적인 손실을 입은 이라크는 결국 전쟁 발발 43일 만에 이라크에 유엔평화유지군의 주둔, 화생방무기 및 미사일 등 대량살상무기의 파괴, 쿠웨이트 점령 시 끼친 손해배상 등을 수락하였으며, 이는 곧 전쟁의 종결을 의미했다. 이로써 걸프전쟁은 끝이 나게 되었고 중동의 질서는 다시 재편되었다.

■ 전쟁의 승패요인 분석

걸프전에서 다국적군이 승리한 요인은 지휘관의 우수한 능력, 국민들의 지원, 미디어의 활용 등 세 가지로 요약해 볼 수 있다.

첫째, 다양한 국가에서 모인 다국적군은 통일된 지휘체계도 갖추어져 있지 않았고, 국적, 민족, 종교 등의 많은 차이를 가지고 있었다. 하지만 다국적군의 지휘관들에게는 *풍부한 실전 경험과 자국의 국익을 전쟁에서 실현해야 한다는 투철한 목적의식, 아군의 피해를 최소화해야 한다는 뚜렷한 전쟁철학*이 있었다. 이러한 장점들을 바탕으로 다국적군은 이라크군을 압도하였고 전쟁에서 승리할 수 있었다.

둘째, *전쟁터에 나간 병사들은 가족들을 비롯한 국민들의 성원에 힘을 얻을 수 있었다.* 가족들은 조국을 위해 싸우는 다국적군 군인들에게 무한한 신뢰와 지지를 보내줌으로써 군인들은 임무에 대한 자부심과 조국에 대한 자긍심이 더욱 배가되어 전쟁에서 큰 힘을 발휘할 수 있었다.

미군 슈워츠코프 사령관은 전쟁 종결 후 국회에서 '*우리 뒤에 국민들의 신뢰와 지지가 있었다는 것을 알고 있었기에 힘을 내어 이라크군을 쿠웨이트에서 몰아낼 수 있었다. 걸프전에 참가한 전 장병들은 미합중국의 위대한 국민들에게 진심으로 감사를 드린다.*'고 말하였다.

셋째, *미디어를 이용, 전쟁양상을 크게 바꾸었다.* 과거 전쟁은 섬멸에 의한 최후고지를 점령하는 전쟁이었다면 걸프전쟁은 첨단무기의 엄청난 파괴력을 활용하여 전쟁의지를 꺾음으로써 전쟁을 종식시키는 양상으로 바뀌고 있음을 보여주었다. 좀 더 부연설명을 하자면 미국의 CNN방송과 같은 매스컴들은 전쟁터 한가운데로 깊숙이 들어가 전황을 보도함으로써 전 세계의 사람들은 전쟁의 진행과정을 생생하게 느낄 수 있었고 이라크 지도자들에게는 전의를 상실케 하는 결과를 가져왔다. 결과적으로 미디어를 통한 심리전이 전쟁에서 큰 힘을 발휘한 것이었다. 특히 CNN을 비롯한 각종 언론매체는 무분별한 보도경쟁을 지양하고 국익에 도움이 되는 방향으로 보도함으로써 보도 심리전을 통하여 다국적군 승리에 기여하였다.

*마지막으로 걸프전은 최첨단 신무기의 위력을 실감시키는 전쟁*이었다. 걸프전쟁을 통해서 미군의 신무기들이 세상에 알려지기 시작하였다. 이라크군의 스커드 미사일을 공중에서 요격하는

패트리엇 미사일, 적의 레이더망을 피하여 적진에 잠입, 폭격을 감행하는 F－117 스텔스 폭격기, '전차 잡는 귀신'이라고 불린 AH－64 아파치 헬기 등 걸프전쟁은 신무기들의 성능 시험장과 다름없었으며 이러한 신무기들은 전쟁의 승패를 좌우하는 데 큰 역할을 하였다.

▮ 역사적 평가

걸 프전을 통해서 전 세계는 압도적인 화력으로 적을 파괴하는 신무기의 위력에 경탄을 금치 못하였으며 위성을 통해 실시간으로 중계되는 전장의 모습에서 눈을 떼지 못하였다. 많은 전문가들이 걸프전을 미디어의 위력이 여실히 증명된 최초의 전쟁이라 평하였으며, 이는 공군력과 첨단무기의 보유 여부가 전쟁의 승패에 얼마나 큰 영향을 미치는가를 극명하게 보여준 예라 하겠다.

▮ 연구자 평가

전 세계의 사람들이 위성방송을 통해서 이라크를 공격하는 다국적군의 최신무기를 보고 감탄하였고, 마치 경기 중계를 보는 듯한 느낌을 가지게 만든 최초의 전쟁이 걸프전이었다.

걸프전의 영향으로 많은 국가들이 석유 위기를 겪었으며, 중동 지역의 환경과 생태계가 심각한 수준으로 파괴되는 아픔을 겪기도 하였다.

또한 걸프전을 통해서 국제사회에서 미국의 영향력이 더욱 강화되어 팍스아메리카나(Pax Americana · 미국 주도의 평화)가 더욱 가속화되었다. 반면 중동지역에서 후세인의 입지는 일시적으로 약화되었으나 후일 다시 이라크 국민들을 결집시킬 정도로 영향력이 강화되었다. 이것은 아랍계에서 후세인이 미국의 침략에 맞서 싸운 지도자로 부각되었기 때문이다.

■ 결 론

결 국 걸프전은 *지휘관의 능력과 국민의 지지, 그리고 첨단무기의 위력과 심리 · 선전전의 역할을 극명하게 드러내 주는 전쟁*이었다고 할 수 있겠다. 다국적군은 철저한 정보수집에 의한 작전 수행으로 아군의 피해는 최소화하고 적의 피해는 극대화시키는 전술을 운용함으로써 효율적으로 전쟁을 수행하였고, 미디어를 통하여 전 세계적으로 전쟁에 대한 관심과 다국적군에 대한 지지를 얻어내는 데 성공하였다.

또한 심리전을 통하여 적의 사기를 저하시키고 전의를 꺾음으로써 전쟁을 보다 유리하게 이끌어 갈 수 있었다.

이를 통하여 우리는 *심리와 선전전의 중요성과 국민들의 지지가 전쟁의 성패에 큰 역할을 한다는 것*을 알 수 있었다. 또한 점령을 당한 쿠웨이트의 경우를 통하여 자유와 권리도 그것을 지킬 수 있는 힘이 없다면 무용지물에 불과하다는 것을 배울 수 있었다.

> 약한 국가는 중립을 지킬 수 있는 권리마저 상실한다. 강해야만 정의가 지시하는 대로, 우리의 이익이 가리키는 대로 평화와 전쟁을 택할 수 있다.
>
> ― 헤밀턴 ―

✝ 무차별 살육을 가하는 이슬람 알카에다의 자살폭탄테러

◼ 전쟁에 대한 총평가

아 주 평화로운 어느 날, 여객기 한 대가 세계 최대의 빌딩 중 하나인 미국의 110층짜리 세계무역센터 건물 85층을 관통하여 폭파하고 연이어 나란히 서 있는 60층을 들이박는 장면을 현장은 물론 TV를 통해 본 사람들은 누구라도 큰 충격에 빠졌을 것이다. 순식간에 초대형 건물은 붕괴되었고 사람들은 두려움에 떨고 비명을 지르는 등 현장은 아수라장이 되었으며, 그야말로 아비규환의 현장이었다. 이러한 자살폭탄테러의 배후에는 오사마 빈 라덴과 그의 추종세력인 알 카에다가 있다. 뿐만 아니라 이들은 무고한 시민을 인질로 삼아 참수하고 이를 비디오로 찍어 전 세계로 생생히 보여주어 충격에 휩싸이게 함으로써 세계의 이목을 집중시키고 있다.

전 세계는 참혹한 충격의 그 현장이 사실인지 눈을 의심해 보았을 것이며, 이러한 일이 세계 최대 강국 미국에서 발생할 수 있을까라는 의문을 가졌다. 우리가 살고 있는 세계는 어디로 가는 것일까? 이와 같은 *자살폭탄테러는 무고한 불특정 다수의 목숨을 볼모로 삼아 미국을 비롯한 반이슬람 세력에 저항하고 알카에다의 세력을 확대하기 위해 저질러졌다.* 이러한 테러를 보며 오사마 빈 라덴의 추종세력들은 자살특공대를 무슨 이유로 결성하여 목숨을 헌신짝처럼 버리는가에 대한 의문이 생기게 되었다.

▮ 전쟁의 배경과 전개양상

▶ 왜 미국을 악마의 축으로 보나

어찌하여 빈 라덴이 미국을 철천지원수로 여기게 되었을까? 이에 대한 해답은 다음과 같다. 19세기 초 아랍권의 이슬람 국가들은 유럽 열강들의 식민지가 되면서 서구에 대한 적개심이 생겼고 1948년 이스라엘의 독립으로 팔레스타인이 나라를 잃게 되자 이슬람국가들은 이스라엘과 그 지지 세력인 미국에 반감을 가시게 되었나. 또한 무슬림들은 시온주의자-십자군 동맹을 주요 공격대상으로 생각하고 있다. 즉 시온주의자들이 인권의 탈을 쓰고 온갖 거짓 주장과 선전을 통해 전 세계에 있는 무슬림에 대해 학살행위를 자행하고 있다고 믿고 있으며, 선지자인 알라가 죽은 후 이슬람의 본산이며 예언의 장소, 계시의 원천, 거룩한 선지자의 공간인 카바신전을 비롯한 두 곳의 성지가 영국·독일·프랑스 등의 유럽 각국의 십자군과 그 동맹국에 의해 점령된 것으로부터 무슬림의 분노는 시작되었다고 할 수 있다. 그래서 아랍계의 테러범들은 미국을 '만악의 근원'이라고 말한다. 즉 *미국은 기독교 국가로서 이스라엘의 가장 큰 후원국이며 세계를 자국의 지배하에 종속시키려는 가증스러운 최대강국*이라는 것이다.

▶ 왜 자살테러를 자행하는가?

자살테러를 감행하는 이유는 *가장 손쉬운 방법으로 피해와 반응을 극대화시킬 수 있고 테러로 죽은 대원을 영웅시해서 많은 사람들의 지원을 유도할 수 있기 때문*이다. 이런 까닭에 지금도 자살특공대들은 장소와 시간을 가리지 않고 세계 곳곳에서 불특정 다수를 상대로 자살테러를 감행하고 있다. 한때 이라크의 공보장관을 지냈던 알 사하프는 "지하드로 나섰다가 전사하면 하늘나라에서 보상을 받을 것이다. 형제들이여 기회를 잡으라."고 말하고 있으며, 이슬람 과격단체들은 "신을 위해서 싸우다 죽으면 천당에 간다."는 코란에 명시된 지하드를 명분으로 자살테러를 종용하고 있다.

또한 이슬람 지도자들은 지하드를 통해서 순교한 경우 가장 먼저 천당에 가고 수천 명의 아름다운 여인들이 시중든다고 가르치거나 아이들에게 이스라엘인을 죽이기 위해 자신의 목숨을 내던지는 것은 훌륭한 일이라고 주입시키며 자살폭탄테러가 가장 성스러운 순교라고 생각한다. 그래서 평범한 이슬람 청년들은 우연히 TV를 보다가도 이슬람교도들이 부당하거나 모욕적인 대우를 받는 장면을 보면 자신의 종교적 신념을 과시하며 자살특공대에 지원하고 있고 어린 아이들은 자살테러로 죽은 사람들의 사진을 보며 자살특공대의 꿈을 키우고 있다. 또한 부모들이 나서서 자녀들의 자살테러를 부추기고 있으며 지금도 모슬렘 청년들은 자살테러를 정의로운 방법이며, 영원히 사는 길이라고 확신하면서 한 마리 불나방이 되기 위한 순번을 손꼽아 기다리고 있다.

▶ 조직체계

오사마 빈 라덴이 조직한 알카에다 국제 테러단체는 3억 달러에 달하는 막대한 자금력과 군사력을 바탕으로 파키스탄·수단·필리핀·아프가니스탄·방글라데시·사우디아라비아는 물론 미국·영국·캐나다 등 총 34개국에 달하는 국가에서 활동하는 것으로 알려져 있다. 이들은 철저하게 점조직으로 움직이면서 활동영역을 비(非)이슬람권 국가로까지 세력을 확장하는 한편, 이집트의 이슬람원리주의 조직인 지하드와 이슬람교 과격 단체들을 묶어 알카에다 알 지하드로 통합하였다.

이들은 유대인과 십자군에 대항하는 "국제 이슬람전선"으로 일컬어지며 조직원은 3천~5천 명으로 추정되는데 세계 각지의 산간이나 오지에서 은둔생활을 하는 것으로 알려져 있으며 본부의 소재나 활동에 대해서는 정확히 알려져 있지 않다. 미국 뉴욕 경찰에 의하면 현재 세계에는 140여 대의 테러집단이 산재해 있는데, 그중 27개를 극히 악랄한 비인도적 집단으로 규정하고 있으며, 하마스·이슬람 지하드·헤즈볼라 등은 극히 악한 그룹으로 보고 있다. 그러나 대부분의 아랍인들은 그 집단들을 칭하여 '잃은 권리'를 되찾으려는 정당한 집단이라고 말하고 있다.

팔레스타인의 테러조직 하마스는 '자살테러학교'를 설립하고 테러에 필요한 군사교육과 함께 정신무장을 위한 종교교육을 시키고 있다. 파키스탄의 이슬람 학교 마드라사는 원래 이슬람의 교리인 코란과 율법 등을 가르치는 곳이었으나 점차 지하드 양성학교로 변질되어 가고 있다. 2001년 탈레반 정권을 지원하기 위한 자살특공대를 공개적으로 모집할 때 마드라사의 학생들 대부분이 자원했다.

▶ 주요 활동

● 미군기지에 무조건 돌진하는 자살공격

이라크 공격 당시 가장 특색이 있었던 것은 자살공격인데, 침략군에 저항해 자살공격이 이어진 것은 이미 개전 전부터 있던 사실이다. '알 자지라'는 자살공격을 결의한 1,500여 명의 아랍인들이 이라크에서의 대미항전 결의를 보이고 있다고 보도한 바 있으며, 타하야신 라마단 이라크 부통령은 "순교를 각오한 무슬림 지원자들이 이라크로 속속 몰려들고 있다 ……. 그 수가 4천 명에 달한다."고 이라크 TV를 통해 밝혔었다.

사례) 1993년 미국의 세계무역센터를 폭발물을 등재한 자동차로 공격
　　　1998년 케냐와 탄자니아의 미국대사관에 가한 테러 행위
　　　2000년 예멘국 아덴항에 정박 중이던 미국 해군의 콜 함정을 폭탄으로 공격한 사건

● 첨단기술을 이용한 테러활동

정보화시대의 도래는 오늘날 원격조종으로 각종 테러를 감행할 수 있는 첨단기술을 테러집단이 가질 수 있는 여건을 만들었다. 미국의 테러참사에서도 빈 라덴이 아프가니스탄의 오지에 앉아서 E－Mail, Website 등을 이용하여 공격을 지시한 사실이 드러나고 있다. 이른바 IT기술이 악의 도구로 사용되고 있는 것이다.

테러와의 전쟁에서 안전한 곳은 없다. 탄저균이 미국 여러 곳에서 퍼진 바 있으며 테러집단들이 가공할 생화학 무기 혹은 핵무기로써 사람들을 대량 학살할 가능성을 배제할 수 없다. 특히 유럽이 문제이다. 1950년대부터 노동력 부족으로 아랍권에서 많은 노동인구를 영입했다. 그 결과로 오늘날 서구제국에는 1,500만 명의 아랍계 주민들이 살고 있다. 특히 독일에는 350만 명이 살고 있으며 그중 2개의 테러집단이 3,000여 명의 회원을 가지고 있다. 영국에도 200만, 프랑스에도 500만의 아랍인들이 살고 있는데, 아프가니스탄의 사태를 보면서 아랍계 사람들은 미국의 군사행동을 비판적으로 보았다.

▶ 오사마 빈 라덴과 알자르카위

*오사마 빈 라덴은 이슬람 원리주의자로 반미인사, 이집트 과격단체들과 동맹을 맺고 테러조직인 알카에다를 조직하여 국제 테러를 지원*하고 있다. 9·11 테러를 배후에서 지원한 것으로 추정되는 자는 빈 라덴의 핵심추종자로 점조직을 활용, 비밀리에 테러계획을 수립하고 실행명령을 내린 것으로 보인다.

한편, 37세 요르단 출신 *알자르카위는 이슬람 과격무장단체 '유일신과 성전'을 이끌고 있으며 야만성과 대담성을 지닌 과격한 테러리스트*이다. 미국인 닉 버그를 참수시키면서 직접 칼을 들이댄 복면의 테러리스트가 바로 알자르카위이며, 김선일 씨를 참혹하게 참수한 배후세력이기도 하다. 또한 폭탄제조 전문가로 빈 라덴에 충성을 맹세하는 등 빈 라덴의 오른팔 역할을 수행하고 있다. 리처드 미 합참의장도 그를 일컬어 "어떤 일도 저지를 수 있는 가장 독한 극단주의자"라고 말한 적이 있다.

◀ 무엇을 경계해야 하는가

자 살폭탄테러를 통해 무고한 시민에게 무차별 살육을 가하는 이슬람 무장세력 알카에다의 무엇을 경계해야 하는가?

첫째, *불나방식 죽음을 축복이라 생각하는 광신적 믿음을 경계*
해야 한다. 하나밖에 없는 목숨에 누구든지 애착을 가지기 마련
이지만 알카에다는 자살폭탄테러를 가장 성스러운 순교라고 말
하고 있으며 테러리스트가 되는 순간 순교자로 선택된다고 말하
고 있다. 이러한 그릇된 종교적 신념과 세뇌교육으로 오늘도 수
많은 무슬림들이 자살특공대가 되기 위한 대열에 합류하고 있다.

둘째, *상상을 초월할 정도로 참혹한 알카에다식 테러행위를 경
계*해야 한다. 가나무역의 김선일 씨가 살려 달라고 그토록 애타
게 호소하였지만, 결국에는 무참하게 참수하는 것을 지켜보면서
우리는 알카에다 조직의 잔인무도함을 새삼 느낄 수 있었다. 그
누가 감히 여객기를 이용 세계 최강대국 미국의 110층짜리 세계
무역센터에 자살폭탄테러를 감행할 것이라 상상이나 했겠는가?

셋째, *바로 우리가 테러 대상이었다는 사실을 주지*해야 한다.
알카에다 조직은 한국 내 미군시설을 테러 대상으로 삼아 김포
공항에서 이륙하는 항공기 3대를 공중 납치할 계획을 세웠던 것
으로 밝혀져 충격을 주고 있다. 아랍권 극렬 테러단체는 "대한국
테러" 선포를 하고 한국군이 이라크에서 철수하지 않으면 서울
을 불태우겠다고 위협했다고 한다. 이러한 점들로 미루어 볼 때
알카에나 조직의 테러 행위를 남의 집 불구경을 하듯 볼 것이
아니라 당면한 우리의 문제로 인식해야 할 것이다.

넷째, *알카에다는 비밀스러운 점조직에 의해 운영되는 테러 집*

*단임을 경계*해야 한다. 알카에다는 3억 달러에 달하는 자본력을 바탕으로 비이슬람권 국가까지 포함한 34개국에서 점조직으로 활동하고 있으며, 이집트의 이슬람원리주의 조직인 지하드와 이슬람 과격단체를 묶어 알지하드로 통합하였다. 또한 '자살테러학교'를 추가로 설립하고 체계적인 군사교육과 함께 정신무장을 위한 종교교육을 시키고 있다. 세계가 이들을 가장 두려워하는 이유는 불특정 다수를 테러대상으로 하고 있고, 종교적 신념에 의해 불나방 같이 테러 대상에 뛰어든다는 사실 때문이다.

■ 궁금한 점

자살폭탄 특공대에 누가 지원할까? 자신의 목숨을 포함한 타인의 목숨까지 순식간에 해하는 자살테러에 지원자가 줄을 잇고 있다. 지원 이유는 자살테러는 나라를 위기에서 구하고 영생의 길이라고 부추기고 있기 때문이라고 한다.

*이슬람 청년들이 자살폭탄특공대를 지원하는 가장 큰 이유는 종교적 신념*이라고 말한다. 팔레스타인 건립과 비이슬람교도들의 이슬람화를 목표로 하고 있는 이슬람 과격단체들은 "*신을 위해서 싸우다 죽으면 천당에 간다.*"고 코란에 명시된 지하드를 자살테러의 대의명분으로 내세우고 있다. '알라를 위하여 싸운다.'는 교리는 무장단체 지도자의 생각에 따라 해석된다. 알라는 싸워야 하는지 말아야 하는지, 누구와 싸워야 하는가를 말할 수 없기 때

문에 모든 결정은 단체 지도자의 주관적이고 작위적인 판단에 결정되며, 실제적으로 많은 사람들이 지도자 개인의 생각으로 정의를 내린 교리를 믿으며 자살테러를 감행하고 있다.

지하드를 통해서 순교를 하면 가장 먼저 천당에서 수천 명의 아름다운 여인들이 시중든다고 가르치거나, 아이들에게 이스라엘을 죽이기 위해 자신의 목숨을 내던지는 것은 훌륭한 일이라고 주입시키며 자살폭탄테러가 가장 성스러운 순교라고 주입시키고 있다. 이러한 종교적 배경과 교육 때문에 이슬람 과격단체들이 자살특공대를 모집하는 것은 어렵지 않다.

테러사건의 범인이 쓴 자필문서에는 죽음을 앞에 놓고 마음의 준비를 어떻게 하고 있는지 상세하게 기록되어 있다. *"알라신은 너와 함께 하신다. 최후의 순간이 오면 심호흡을 하여 가슴을 넓게 하라. 죽음을 두려워 말라."* 이처럼 사람들의 생명을 앗아 간 극악한 행위를 알라에게 영광을 돌리는 종교적 헌신으로 착각하고 있는 것 같다. 심리학자들의 분석에 의하면 사람은 사후에 받을 보상이 금세의 삶과 비교가 안 될 정도로 크다고 믿으면 기꺼이 죽을 수 있다고 한다.

▇ 연구자 평가

우 리나라는 이라크에 자이툰 부대를 파견하여 평화유지활동을 펴고 있으므로 이슬람 테러단체들의 주요 표적 중

에 하나임이 자명하다. 그래서 *우리는 만일에 있을 테러위협에*
*만반의 대응태세를 갖추어야 할 것*이다. 21세기 새로운 전쟁양상
변화에 대하여 정확하게 주지해야 할 것이다. 즉 새로운 전쟁은
얼굴 없이 불특정 다수를 대상으로 무자비한 참수를 강행한다는
것이다.

우리는 테러대상의 중심에 서 있다. 한쪽으로는 자이툰 파병에
따른 이슬람 단체의 항공기 납치 등의 폭탄테러 위협을, 다른 한
쪽으로는 핵개발 논란이 아직도 완전히 끝나지 않은 북한으로부
터의 테러위협을 받고 있는 것이다. 따라서 *우리는 불시에 어느*
쪽으로 닥쳐올지 모르는 테러위협에 대비하여 전방위테러 대응
*체계를 구축해야 할 것*이다.

우리 주변에는 지난 50년간 테러를 자행해 온 북한이 있다.
· 대통령 암살기도: 4회
· 항공기 테러: 1958년, 1969년, 1987년
· 북한 정부 내 테러지도부서 존재
· 북한의 테러교육시스템은 세계적으로 유명
  (전문교육기관 10개 이상 존재)
· 대량 살상무기 생산·보유, 생화학무기 2,500∼5,000t 보유
이슬람 자살폭탄테러 집단들이 보여주는 극악한 행동은 지난
50년 동안 북한이 우리에게 자행했던 수법과 매우 유사하다. 아
웅산 테러, KAL기 피격, 울진·삼척 무장공비 침투, 동해안 침
투 …… 따라서 이에 대한 대비도 시급한 실정이다.

자살이 정의롭고 명예롭게 간주되어 자살특공대에 가입하기 위해 혈안이 되어 있는 *이슬람의 비이성적인 종교중독을 경계해야 할 것이다. 아울러 끈질긴 저항을 경계*해야 한다. 이라크가 전쟁에 패하여 종전이 선언되었음에도 불구하고 이슬람은 지하조직을 결성하여 잃어버린 명예를 되찾기 위해 자살폭탄테러 등을 자행하고 있다.

결 론

리는 각종 테러 위협에 노출되어 있다. 우리나라에는 테러집단이 철천지원수같이 여기는 주한미군이 주둔해 있고, 정부가 자이툰 부대를 이라크에 파병함에 따라 과격 이슬람단체가 항공기 납치 등의 테러를 계획하는 등 심각한 상황에 직면해 있다. 또한 다른 한편으로는 핵개발 논란이 있는 북한으로부터의 테러위협을 간과해서는 안 된다. 만일 알카에다 테러조직과 북한이 연대하여 테러를 감행한다면, 그 충격과 파장은 상상을 초월한다. 왜냐하면 북한의 종전 테러행위가 이슬람의 자살폭탄테러 집단들이 자행했던 수법과 너무 유사하기 때문이다. 아웅산 테러, KAL기 피격, 울진·삼척 무장공비침투, 동해안 침투 등 사례는 수도 없이 많다.

결론적으로 죽음을 두려워하지 않고 테러를 자행하는 이들에 대응하기 위해서는, *자살폭탄테러 집단에 대한 연구를 통해 철저*

한 대비책을 마련해야 할 것이며, 우리 군은 확고한 국가관과 투철한 군인정신으로 재무장하여 철통경계태세 확립에 최선을 다해야 할 것이다. 또한 죽음을 두려워하지 않고 불나방처럼 불 속으로 뛰어드는 이들에 대응하기 위한 우리의 정신사조는 무엇인가? 종교적인 신념으로 자살특공대원이 되기 위해 뛰어드는 것은, 군인으로서 견지해야 할 투철한 군인정신보다 더욱 확고한 정신세계이다. 따라서 이에 견줄만한 정신사조 정립이 필요하다고 하겠다.

> 정보스펙트럼을 지배하는 것은 과거 땅을 점령하거나 공중을 통제하는 것만큼 오늘날의 전쟁에 있어 매우 중요하다.
> ― 포글만 ―

참고문헌

김행복 외, 20世紀 地球村戰爭(兵學社: 1996. 9.15.).

정토웅, 20세기 결전 30장면(가람기획: 1997. 4. 1).

여영무, 세계 명장 51인의 지혜와 전략(팔복원: 2004. 12. 5.).

정토웅, 전쟁사 101장면(가람기획: 1997. 9. 1.).

노병천, 圖解世界戰史(한원: 1989. 10. 20.).

버나드 로 몽고메리, 전쟁의 역사(책세상: 2004. 4. 10.).

육군본부, 爲國獻身의 길(육군본부: 2004. 7. 4.).

육군사관학교 전사학과, 世界戰爭史(鳳鳴: 2001. 2. 17.).

A. T. Mahan, The Influence of Seapower Upon History(Dover: 1987. 3. 15.).

장 폴 사르트르, 아랍과 이스라엘(시공사: 1991).

조지 프리드먼 외, 전쟁의 미래(자작: 2001. 4. 9.).

마이클 S 스웨트남, 빈 라덴과 알 - 카이다(동아시아: 2001. 10. 22.).

이민수, 위대한 군인정신 上(도서출판 봉명: 2001. 11. 23.).

이민수, 위대한 군인정신 下(도서출판 봉명: 2001. 11. 23.).

김충명, 전쟁 영웅들의 이야기(두남: 1997. 2. 10.).

김형광, 인물로 보는 조선사(시아출판사: 2002. 11. 21.).

송은명, 인물로 보는 고려사(시아출판사: 2003. 8. 12.).

홍량호, 한국의 명장들(정음문화사: 1998. 9. 5.).

국방부, 역사의 창으로 본 365일(국군홍보관리소: 1996. 10. 10.).

김보영. 한권으로 읽는 이야기 한국사(아이템북스: 2003. 8. 10.).

니골아브릴, 얼굴의 역사(작자정신· 2001. 7. 5.).

황원갑, 역사 인물기행(한국일보사: 1988).

베빈 알렉산더, 위대한 장군들은 어떻게 승리하였나(홍문당, 1995).

곽영달, 숨겨진 영웅들(명인홍보: 1994. 6. 20.).

정신교육연구회, 한국의 군인정신(삼화출판소: 1979. 3.).

라종해, 고시 국민윤리(고시원: 1985).

국방부, 군대윤리(더우링 E&P: 2003).

국방부, 일일정신교육교재(군인공제회 문화사업소: 1999).

정광수, 삼가 적을 무찌른 일로 아뢰나이다(정신세계사: 1989. 9. 25.).

홍사중, 히틀러(한길사: 1997. 1. 10.).

양동주, 20세기 대사건 79장면(가람기획: 1996. 11. 7).

사무엘W.크럼프턴, 승자와 패자가 만드는 백가지 전쟁(미토: 2002. 12. 27.).

서동만, 파시즘 연구(거름: 1982).

하정열, 일본의 전통과 군사 사상(팔복원: 1999. 2. 11.).

와카쓰키 야스오, 일본의 군국주의를 벗긴다(화산 문화: 1996. 8. 30.).

냐가미네 히데오, 일본군인의 사생관(을지서적: 1989. 12. 1.).

A. 미쉘, 세계의 파시즘(청사: 1978).

배영수, 서양사 강의(한울 아카데미: 1992).

존 쿨리, 추악한 전쟁(이지북: 2001. 10. 11.).

이준희 ——

공군사관학교(31기)를 졸업하고 한국방송통신대학교 문학사(국어국문학 전공), 연세대학교 대학원 정치학 석사(신문방송학 전공) 그리고 경희대학교 대학원 정치학 박사학위를 받았다. 1983년 공군장교로 임관한 이래 공군 제10·11전투비행단 정훈참모, 교육사령부 정훈공보실장, 공군본부 정훈공보실 정책·계획장교, 국방부 정훈기획관실 시사안보담당 그리고 합동참모본부 공보실에서 기자들을 상대로 공보업무를 담당하였다. 국방대학교 안보문제연구소 연구관을 거쳐 국방대학교 직무연수부 안보정책/홍보정책계약협상과정 교수로 근무하고 있으며 2008년도 호주국방대학교 초빙교수를 역임하였다.

국방부 정훈기획관실 시사안보담당으로 근무하면서 '국방정신교육지침'을 전군에 배포하였으며, 공군교육사령부에서 「전사 속의 살신성인」을 편역하여 6개월간 국방일보에 연재하였고 「전쟁과 정신전력」을 편역하여 공군 입대장병 및 기간장병 대상 정신교육 참고자료로 활용되었다.

정치학 박사학위 논문으로 제출된 "북한의 대남인식변화와 남북관계"를 비롯하여 주요 연구결과로 "북한군 정신전력 추진실태 분석(2003, 국방대 안보연구소)", "화전양면의 이중적 북한 통일정책에 관한 일고(2001, 국방대 안보연)", "북한지도자의 대남인식변화와 남북관계(2004, 국방대 안보연)", "신세대 특성을 고려한 정신교육방법(2004, 국방대 안보연)" 등이 있다. 현재 경희대학교에서 『남북통일론』을 강의하고 있으며, '북한의 후계구도 구축에 관한 연구', '무형전력이 전쟁 승패에 미치는 영향'을 연구하고 있다.

쉽게 읽는 전쟁이야기

초판인쇄 | 2009년 4월 20일
초판발행 | 2009년 4월 20일

지은이 | 이준희
펴낸이 | 채종준
펴낸곳 | 한국학술정보㈜
주 소 | 경기도 파주시 교하읍 문발리 513-5 파주출판문화정보산업단지
전 화 | 031) 908-3181(대표)
팩 스 | 031) 908-3189
홈페이지 | http://www.kstudy.com
E-mail | 출판사업부 publish@kstudy.com

등 록 | 제일산-115호(2000. 6. 19)
가 격 | 30,000원

ISBN 97   (Paper Book)
      978-89-534-1396-2 98390 (e-Book)